55 세계의 도시·건축문화

URBAN & ARCHITECTURAL CULTURE IN THE WORLD

김철수 지음

기문당

도시디자이너가

보고 찍고 쓰고 그린

전세계 6대륙 55개 도시의

역사와 공간문화, 건축, 예술, 도시재생

그리고 미래 비전

프롤로그

21세기는 도시의 시대이자 문화의 시대이다. 원래 경작 또는 재배라는 어원을 가진 문화는 크게 두 가지로 나누어진다. 하나는 함께 살아가는 사람들에 의해 형성된 지식·도덕·믿음·관습 등과 같은 고유한 삶의 방식으로써의 문화이고, 또 다른 하나는 창의성을 바탕으로 이루어지는 문학·음악·미술·영화 등의 예술적 활동이나 그 실천으로 만들어진 작품으로써의 문화이다. 문화는 정신적 요소와 물질적 요소를 모두 포함한다. 그리고 문화는 시대에 따라 변화하며, 지역에 따라 다르게 나타난다.

사람들은 신비롭고 아름다운 자연을 보며 감탄하기도 하지만 예술적이고 매력 있는 도시문화를 체험하면서 더 감동한다. 자연은 그 자체로 완성되지만, 도시문화는 도시라는 공간 속에 다양한 사람들의 생각과 활동의 켜들이 오랜 시간에 걸쳐 누적되어 나타나기 때문이다. 오늘날까지 지속적으로 발전해 오고 있는 도시들은 공통적으로 역사의 기억들이 쌓여 있는 건축물·가로·광장·교량·기념탑 등과 같은 인류가 공유해야 할 귀중한 공간문화적 자산을 가지고 있다.

모든 도시는 마치 사람의 얼굴처럼 밝고 명랑한 도시와 어둡고 우울한 도시, 전통이 있어 품격 있는 도시와 급조되어 경박한 도시, 활기차고 재미있는 도시와 맥빠지고 무미건조한 도시 등 저마다의 색깔과 표정을 가지고 있다. 그리고 특징 있는 도시의 공공장소와 건축물은 사람들의 기억 속에 이미지로 남게 된다. 사람들은 도시와 건축물의 형태를 눈으로만 보는 것이 아니라 그것들이 만들어내는 공간적 분위기를 체험하기 때문이다.

여행자들이 많이 찾는 도시는 개성 있게 디자인된 아름다운 공간, 과거의 숨결이 살아 숨쉬고 전통문화가 녹아있는 역사적인 공간, 사람들에게 멋과 낭만이 넘치는 분위기를 제공하는 문화예술적인 공간, 그리고 의미 있는 사건과 재미있는 에피소드가 전해오는 장소를 가지고 있다.

세계 220여 개의 나라에는 수많은 도시가 있다. 이 책은 필자가 여행해 본 6대륙 70여 개 나라의 도시들 가운데 그 나라를 대표하는 55개 유명도시를 골라 역사와 전통문화를 개관하고, 성곽 · 거리 · 광장 · 교량 · 기념비 등 도시의 공공장소와 왕궁 · 교회 · 사원 등 건축물에 담겨있는 공간문화와 예술 그리고 미래 비전을 도시디자이너의 시각에서 보고 주로 사진과 스케치로 표현한 것이다. 이들 도시속에는 인류의 발상지 아프리카 피라미드의 도시 카이로부터 마천루의 도시 뉴욕과 현대 모더니즘을 상징하는 비행기의 도시 브라질리아까지 5천년 간의 도시문명의 역사가 흐르고 있다.

인간을 변화시키는 요인으로 시간과 공간이 있다. 시간은 수동적으로 인간을 천천히 변하게 한다. 하지만 공간은 그저 존재하는 대상이 아니라 능동적으로 매순간 느끼고 체험하게 함으로써 인간을 빨리 변화시키는 매력이 있다. 그것이 바로 우리가 해외여행을 갈망하는 이유이다. 이 책이 세계의 여러 나라를 찾는 여행자들이 도시의 역사와 공간문화, 건축, 예술을 이해하는 데 도움이 되기를 기대한다.

2018년 9월

김 철 수

차 례

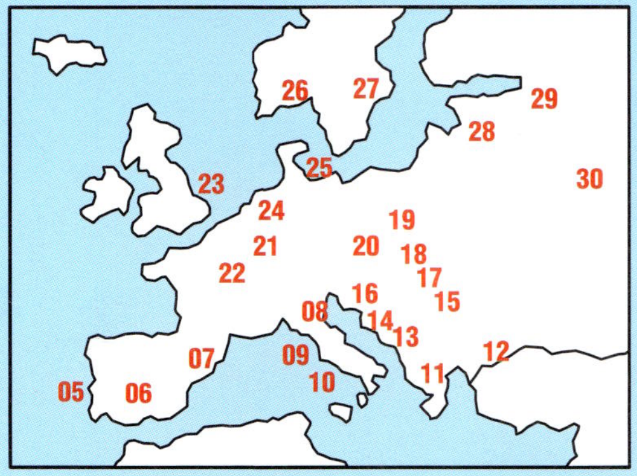

01 카이로
02 아디스아바바
03 케이프타운
04 페스
05 리스본
06 마드리드
07 바르셀로나
08 베네치아
09 피렌체
10 로마
11 아테네
12 이스탄불
13 두브로브니크
14 류블랴나
15 부다페스트
16 빈
17 체스키 크룸로프
18 프라하
19 베를린
20 하이델베르크
21 스트라스부르
22 파리
23 런던
24 암스테르담
25 코펜하겐
26 오슬로
27 스톡홀름
28 탈린
29 상트 페테르부르크
30 모스크바
31 두바이
32 사마르칸트
33 델리
34 카트만두
35 방콕
36 쿠알라룸푸르
37 싱가포르
38 마닐라
39 하노이
40 홍콩
41 상하이
42 베이징
43 교토
44 도쿄
45 시드니
46 오클랜드
47 밴쿠버
48 토론토
49 보스턴
50 뉴욕
51 쿠스꼬
52 산티아고
53 부에노스 아이레스
54 리우 데 자네이루
55 브라질리아

공간이라는 그릇 속에
인간의 생각이 표현되어
오랜 시간이 흐르면
공간문화가 생겨난다.

그 공간이 도시이면 도시문화,
건축이면 건축문화가 된다.
전통문화가 담겨 있는 도시공간과 건축은
품격 있고 아름답다.

시간은 인간을 비웃는데, 시간을 비웃고 있는 피라미드와 스핑크스

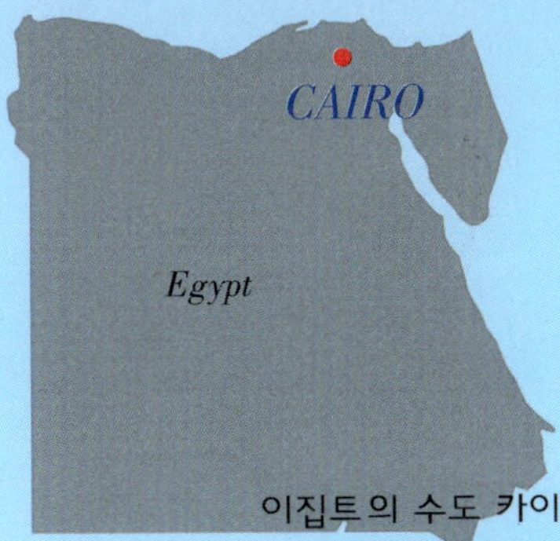

01 피라미드의 도시 카이로 이집트

이집트의 수도 카이로는 인구 약 900만 명으로 아프리카에서 가장 큰 도시이다. 카이로는 10세기경 파티마 왕조가 세운 구시가지와 영국 식민시대(1882~1946)에 만들어진 신시가지로 구분된다. 구시가지에는 옛 역사유적이 자리잡고 있고, 신시가지에는 현대미술관, 오페라 하우스, 초일류 호텔과 유흥시설들이 산재해 있다. 시내에는 기원전 2500년경에 세워진 피라미드와 20세기에 세워진 현대적 빌딩이 공존해 있어, 세계에서 유일하게 4500년 간의 도시역사를 한눈에 볼 수 있는 도시이다.

카이로는 도시 전체가 박물관이나 마찬가지이다. 도시의 역사는 642년 이집트를 점령한 아무르장군이 군대 주둔지 푸스탓 Fustat 을 건설하면서 시작된다. 12세기 아랍의 영웅 살라딘은 요새이자 정치 중심인 시타델 Cairo Citadel 을 만들었다. 특히 동쪽 카이로에 있는 시타델은 200여 년에 걸쳐 여러 명의 왕들에 의해 증축·개축되어 매우 정교하고 아름답다.

시타델과 함께 만들어진 모스크들 가운데 가장 작품성이 뛰어나다고 평가되는 것은 1830년에 완성된 모하메드 알리 모스크 Mohamed Ali Mosque 이다. 이스탄불의 블루모스크를 본떠 만든 이 모스크는 그 웅장함으로 인해 사람들의 눈길을 사로잡는다. 사원의 중정에는 시간이 멈추어 있는 시계탑이 있다. 이 시계는 프랑스 황제에게 신전도시 룩소르 Luxor 에 있던 오벨리

카이로에서 작품성이 가장 뛰어난 모하메드 알리 모스크

천 개의 미너렛 도시 카이로의 시가지 모습

스크를 선물하고 그 답례품으로 받은 것이다. 현재 파리의 콩코르드광장에 세워져 있는 오벨리스크가 바로 그것이다. '천 개의 미너렛 도시' 라는 명성 답게 수많은 미너렛이 카이로의 스카이 라인을 형성하고 있다.

아기 예수 피난교회 The Church of St. Sergius 는 요셉과 마리아, 아기 예수 성가족이 헤롯왕을 피해 애굽으로 피난하던 중 머물렀던 성스러운 장소에 건축된 것이다. 이 교회는 처음 5세기에 완공되었으나, 화재 후 8세기에 재건되었다. 예수의 열 두 제자를 상징하여 12개의 기둥으로 만들어진 피난 교회에서 가장 중요한 명소는 예배당 아래에 위치한 지하실이다.

이집트의 카이로 하면 피라미드와 스핑크스가 떠오른다. 피라미드는 고대 이집트의 왕 파라오의 무덤이며, 스핑크스는 파라오의 영혼을 지키는 수호신이다. 세계 7대 불가사의의 하나로 손꼽히는 피라미드는 기원전 2500~1800년에 만들어졌다.

카이로 남서쪽의 광활한 사막 기자 Giza 지역에 위치한 3개의 피라미드는 제4왕조(BC 2613~2494)시대의 왕의 무덤으로 이집트의 70여 개 피라미드 가운데 원형이 가장 잘 보존되어 있다. 3개의 피라미드 중 중앙에 위치한 쿠푸 Khufu 왕의 피라미드는 높이 146미터(현재는 137미터)로 가장 높다. 이 피라미드는 허리를 굽혀야 간신히 석실분묘가 있는 안으로 들어갈 수 있다. 입구는 북극성이 보이도록 정확하게 정북방향을 향하고 있다. 피라미드의 경사각은 약 52°로 되어 있으며, 가로 2미터 세로 1미터 크기의 돌 230만 개로 만들어졌다.

피라미드 건설을 위해 동원된 기술자와 노예의 수용을 목적으로 건설된 도시가 바로 카훈 Kahun 이다. 그런데 이 도시는 피라미드가 완성되자 곧 버려졌기 때문에 '죽은 자를 위한 도시'로 불리기도 한다. 역사학자들은 약 10만 명의 인원이 20여 년에 걸쳐 만들었을 것으로 추정하고 있다.

스핑크스 Sphinx 는 사람의 머리와 가슴, 사자의 몸, 독수리의 날개 모양을 하고 있다. 가장 오래되고 큰 것으로 유명한 것은 제4왕조의 카푸라 왕의 피라미드에 딸린 스핑크스이다. 스핑크스는 석회암을 이용하여 조각하였으며, 앞 면의 길이 약 70미터, 높이 약 20미터, 얼굴의 너비 4미터, 귀의 길이 2미터의 엄청나게 큰 거상이다. 오랜 풍파로 얼굴은 상당히 파손되었으나 카푸라 왕의 생전 모습이라고 한다.

'시간은 인간을 비웃는데, 피라미드는 시간을 비웃는다'는 말이 있듯이, 피라미드와 스핑크스는 지구상에서 가장 오랜 역사를 가진 유적이다. 그러나 기자지구는 중세시대에 기독교와 이슬람교도들이 자신의 집과 카이로의 성을 쌓기 위해 돌을 마구 빼가는 채석장이었다. 지금도 돌들이 무질서하게 흩어져 있다. 피라미드 바로 아래의 잡상인들과 낙타들이 뒤섞여 있어 더 큰 실망감을 안겨준다.

카이로에는 박물관이 많기로 유명하다. 그중 1902년에 설립된 국립 이집트 박물관에는 인류 최초의 상형문자로 알려진 로제타 Rosetta 투탕카멘 Tutankhamen 왕의 황금가면을 비롯하여 약 10만 점에 달하는 유물들이 소장되어 있다. 기원전 14세기에 무려 11킬로그램의 황금으로 만들어진 투탕카멘은 1921년 룩소르에 있는 '왕들의 계곡' 에서 발굴되었다. 그런데 발굴작업에 참여했던 21명이 '피라미드의 저주' 로 인해 모두 돌연사했다는 유명한 이야기가 전해지고 있다.

1911년에 오토만 건축양식으로 지어진 알 가하라 궁전박물관(미술관)에는 고흐·고갱·루벤스 등의 작품과 유럽 및 이집트에서 활동했던 유명화가들의 작품도 소장되어 있다. 이 박물관에서는 원래 모습이 아주 잘 보전된 11명의 왕과 왕비의 미라들을 볼 수 있다.

도시 동쪽에는 죽음과 삶과 공존하는 '죽음의 도시' 'City of the Death' 가 있다. 카이로 서쪽에 위치하고 있는 큰 규모의 공동묘지를 가리키는 말이다. 주택난과 가난 때문에 약 50여 만 명의 주민들이 전기와 수도도 없는 이곳에서 죽은 이슬람교인들과 함께 살고 있다. 최근 부분적으로나마 이들의 삶의 질을 개선하기 위해 전기와 상수도를 공급하고 있다고 한다.

카이로는 완전히 서로 다른 얼굴을 가지고 있다. 하나는 유럽의 영향력 아래 만들어진 상업적이며 심하게 세속화된 현대도시의 모습이고, 또 다른

11킬로그램의 황금으로 만들어진 투탕카멘

피라미드 형태로 디자인된 사다트 이집트 대통령 기념탑

죽은 이슬람교도들과 함께 살고 있는 죽음의 도시

하나는 옛 이슬람 전통이 변하지 않은 채 남아 있는 구시가지의 모습이다. 이를 두고 어느 도시학자는 "카이로는 쪼개진 두 조각을 절대로 하나로 붙일 수 없는 깨진 항아리와 비슷하다"고 말했다.

카이로에는 찬란했던 고대 이집트 문명뿐만 아니라 중세에도 상업적, 문화적 차원에서 아주 중요했기 때문에 눈길 닿는 풍경마다 경이로운 수많은 유적이 남아 있다. 이 도시는 오랫동안 치안이 불안하였지만, 2011년 시민혁명 이후 치안이 안정되면서 여행자들이 다시 늘어나고 있다. 카이로를 보면서 한 나라, 한 도시의 문명이 반드시 앞으로 전진하는 것만은 아니라는 것을 느끼게 된다.

엔토토산 위에서 바라 본 아디스아바바 전경

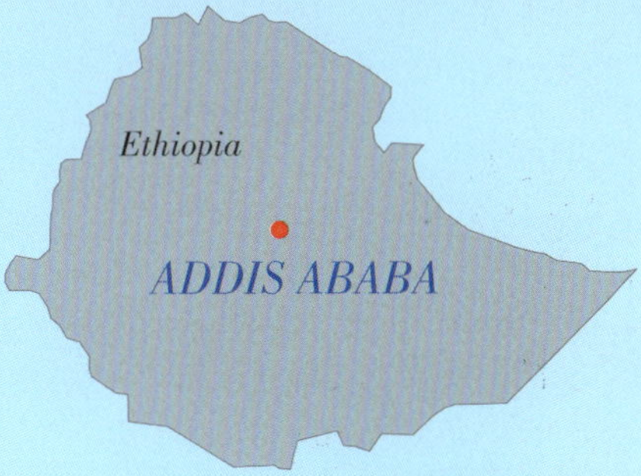

02 아프리카의 꽃 아디스아바바 에티오피아

에티오피아의 수도 아디스아바바는 동부 아프리카의 교통허브이다. 근대의 도시역사는 구약성서에 나오는 솔로몬 왕의 후예 메넬리크 Menelik 2세가 집권한 1889년 이후부터 시작되었다. 도시인구는 400만 명에 이르지만 최근까지도 에티오피아의 정치가 불안하고 산업이 미비하여 도시의 인프라와 주거환경이 아주 열악하다. 하지만 아디스아바바는 독자적으로 초기 기독교 문화를 꽃피웠고, 최초의 인류화석 루시 Lucy 를 보유하고 있는 역사도시이다. 그리고 아프리카연합 African Union 이 소재한 글로벌 도시이다.

에티오피아는 세계에서도 가장 가난한 나라로 손꼽히지만, 역사는 기원전 10세기경의 악숨제국 Akxum 으로 거슬러 올라가며 아프리카에서는 유일하게 자기 언어(암하라어)를 가지고 있다. '새로운 꽃 New flower' 이라는 뜻을 가진 고원도시 아디스아바바는 해발 3,000미터의 엔토토산 위에서 내려다 보면, 옹기종기 모여 있는 작은 집들이 시골마을 같은 소박한 모습이다. 최근 도심과 간선도로변에는 고층의 호텔과 업무빌딩이 들어서고 있지만, 키 큰 유칼립투스 나무에 가리워지고 오래된 자동차에서 뿜어나오는 시커먼 매연과 먼지 때문에 시가지의 모습이 잘 드러나지 않는다.

주요 가로는 처칠·루즈벨트·카메룬·나미비아 등 세계적으로 유명한 정치가와 아프리카의 나라 이름이 붙어 있지만, 직선 구간이 거의 없고 형태도 불규칙하다. 2005년 중국의 지원으로 건설된 고가 경전철이 운행되고 있으나, 대중교통이 부족하여 시내버스를 타기 위해 30~40명씩 줄서 있다. 대부분 도로들은 신호등이 없고 차선을 무시하고 다니는 차량과 무단횡단하는 사람들로 인해 이루 말할 수 없이 무질서하다.

메스켈 스퀘어 Meskel square 는 아디스아바바의 대표적인 광장이다. 광장이 간선도로변에 면해 있고, 평소에는 시외버스·택시·오토바이로 매우 혼잡하기 때문에 영역의 구분이 쉽지 않다. 그러나 중요한 국가행사가 이곳

사람과 자동차가 뒤섞여 무질서한 도로환경

메넬리크 2세의 여름궁전

에서 열린다. 특히 메스켈축제기간(9.26~27)에는 도로가 통제되고 수만 명의 인파가 운집한다고 한다.

엔토토산 위에는 근대 에티오피아를 건국한 메넬리크 2세가 세운 여름 궁전과 교회가 있다. 왕궁이라고 하기에는 너무 작은 원형 건물로, 처마가 360° 방향으로 뻗어 나와 있다. 연회실은 왕과 왕비·왕자·귀빈이 들어오는 문이 따로 구분되어 있고, 옷걸이가 소뿔로 만들어져 있어 흥미롭다. 성모 마리아를 기리기 위해 지은 메리암 교회 Maryam Church 는 8각형 2층 건물로 바깥 기둥이 파란색으로 칠해져 있다. 에티오피아 정교 orthodox 인 교회 앞 마당에 있는 성모상은 흰색 천으로 가리워져 있다.

아디스아바바에서 가장 숭고한 장소는 로마네스크 건축양식으로 지어진 트리니티 대성당 Holy Trinity Church 이다. 유럽 건축양식의 외관과 에티오피아 스타일의 스테인드 글라스와 벽화가 아주 인상적인 이 성당은 1942년 이탈리아로 망명했다가 돌아온 셀라시에 황제가 이탈리아에 대항하여

성모 마리아를 기리기 위해 지은 파란색 기둥의 메리암 교회

로마네스크 양식의 트리니티 대성당

검은 피부의 아기 예수를 안고 있는 성모 마리아

싸운 에티오피아 용사들을 기념하기 위해 세웠다. 성당 안에는 성모 마리아가 검은색 피부의 곱슬머리 아기 예수를 안고 있어 재미있다.

국립박물관에는 약 320만년 전으로 추정되는 인간의 조상이자 최초의 인류 화석 루시 Lucy 의 머리와 일부 골반 뼈조각이 전시되어 있다. 키 약 1.3미터의 20대 여성인 이 화석은 1974년 미국 출신의 고고인류학자 요한슨이 에티오피아의 아파르지역에서 발견했다. 루시라는 이름은 당시 유행하던 영국 비틀즈의 '다이아몬드와 함께 있는 하늘의 루시 Lucy in the Sky with Diamonds' 에서 유래했다고 한다.

에티오피아에는 귀한 손님에게 커피를 대접하는 분나 마프라트 Bunna Maffrate 라는 전통문화가 유명하다. 커피를 끓이는 아가씨 앞에는 붉은색 꽃다발과 흰색 레이스커버로 덮인 앉은뱅이 찻상이 있고, 찻상 위에는 에스프레소 커피잔 크기의 조그만 찻잔이 수십 개 놓여 있다. 찻상 옆에는 작은 향로가 있고, 목이 긴 토기주전자를 숯불 화덕 위에 올려 놓고 한약처럼 진하게 커피를 푹푹 끓인다. 마프라트 때에는 아가씨 앞에 둘러 앉아 커피를 세 잔 마시는 것이 예의인데, 첫 잔은 환영, 둘째 잔은 행운, 셋째 잔은 축복을 의미한다고 한다. 웬만한 호텔이나 레스토랑의 입구에는 분나 코너가 설치되어 있어서 이곳의 전통 커피문화를 어렵지 않게 체험할 수 있다.

아디스아바바에는 1953년에 문을 열고 이탈리아식 커피로 유명한 카페 토모카 Tomoca 가 있다. 발디딜 틈도 없이 복잡한 토모카의 천장에는 프랑스의 문학가 발자크 H. Balzac 가 커피를 칭송한 글이 걸려 있다.

"당신이 커피 한 잔을 마시면, 군대가 행진하듯 아이디어가 떠오를 것이다."

유럽에 EU가 있듯이 아디스아바바에는 AU(아프리카연합)가 있다. 2002년에 결성된 AU는 아프리카 국가와 국민들 간의 통합, 식민주의의 배제, 지속가능한 경제사회적 발전을 목적으로 하고 있다. 아디스아바바에서

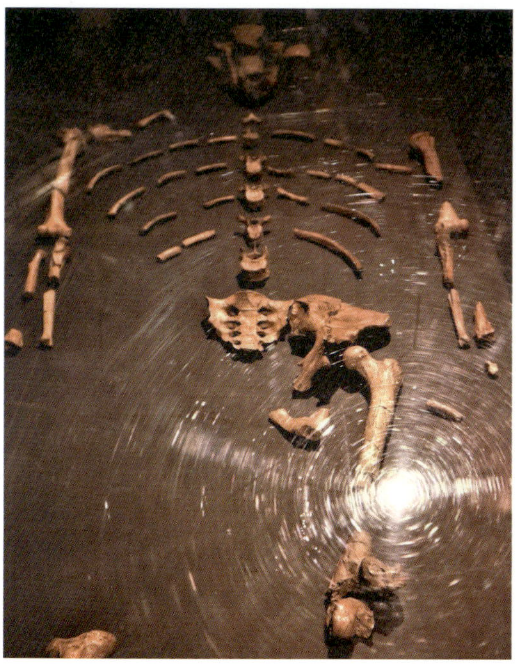

인류의 조상이자 최초의 인류화석 루시

에티오피아의 전통 커피 하우스(분나 마프라트)

아디스 아바바에서 가장 현대적인 아프리카연합(AU)본부 청사

가장 현대적 건축물인 아프리카연합본부 청사는 중앙의 높이 99.9미터, 연면적 5,200평방미터로, 건물 전면에는 중국의 오성홍기가 휘날리고 있다. 2001년에 중국이 2억 달러를 들여 건물을 무상으로 지어주었기 때문이다.

아비스아바바에는 6.25전쟁 때 16개국 유엔군의 일원으로 참전한 것을 기리는 한국전참전기념관이 있다. 기념관 안에는 당시의 사진과 무기, 기록물들이 전시되어 있다. 마침 사진속에 있는 백발의 참전용사가 부르시던 구슬픈 아리랑 노래가락이 아직도 귓가에 생생하다.

에티오피아는 20세기 말 정치적 혼란과 자원 부족으로 인해 아프리카에서도 가장 가난한 나라이다. 아디스아바바 사람들은 아주 열악한 생활환경 속에서 하루하루를 살아간다. 그렇지만 아프리카 말로 '모두 다 잘 될거야'를 뜻하는 하쿠나 마타타 Hakuna matata 를 생각하며 살아가는듯, 이 도시 사람들의 표정은 아주 밝고 명랑해 보인다.

테이블마운틴 위에서 본 케이프타운 전경

03 평화의 도시 케이프타운 남아프리카공화국

아프리카 서남쪽 끝에 위치하고 있는 케이프타운은 인구 약 400만 명으로 남아공 제2의 도시이다. 17세기 네덜란드 동인도회사의 아시아무역보급기지로 건설되었고, 18세기 이후 영국의 식민도시로 발전했다. 케이프타운은 야성적인 테이블마운틴국립공원, 역사적인 건축물, 광장과 공원, 질서 있는 가로공간, 활기 넘치는 워터프런트가 세계 최고수준이다. 과거 흑인노예들에 대한 슬픈 이야기가 전해오고 있지만, 유럽의 도시와 건축문화가 아프리카에 이식되어 아름답게 꽃 핀 곳이 바로 케이프타운이다.

17세기에 형성된 구시가지는 케이프타운 항구 남쪽의 애덜리 스트리트와 스트랜드 스트리트, 철도역, 광장, 공원으로 형성되어 현재 도심의 기능을 하고 있다. 도심 남쪽에는 유네스코 세계 7대 자연유산으로 등재되어 있는 큰 칼로 싹둑 자른듯한 높이 1,087미터의 테이블마운틴국립공원과 서쪽의 시그널 힐로 둘러싸여 있다. 북쪽 테이블만을 끼고 있는 해변에는 월드컵경기장, V&A워터프런트 마리나, 국제컨벤션센터, 아쿠아리움 등 현대적인 문화관광시설들이 자리잡고 있다. 이 도시는 시가지와 산과 바다의 아름다움을 동시에 갖추고 있다.

케이프타운에서 가장 오래된 건물은 1650년대에 네덜란드 동인도회사 소속의 군인들이 진흙으로 쌓은 요새인 캐슬 오브 굿 호프 **Castle of Good Hope** 이다. 5각형으로 된 3층 성채는 깊이 8미터의 해자로 둘러싸여 있다. 노랑색의 건물 벽면에는 지금도 네덜란드 시간에 맞춰 해시계가 돌아가고

네덜란드 사람들이 진흙으로 만든 요새 캐슬 오브 굿 호프

있고, 정오시간에는 제법 큰 소리를 내는 대포를 쏜다. 또 바로 앞에는 100여 년 전 영국인들에 의해 지어진 르네상스 양식의 구시청사가 언뜻 서양도시의 분위기를 만들어낸다.

구시가지의 중심에 자리잡고 있는 그린 마켓 스퀘어 **Green Market Square** 에서는 아프리카 전역에서 온 80여 개의 가게에서 원색적인 전통의상·신발·타피스트리 등 자기 나라 특유의 예술품을 팔고 있다. 이 광장은 원래 시민생활의 중심공간으로 만들어졌다. 그러나 아주 오래 전에는 노예를 팔고 사는 인간시장으로, 과일과 야채시장으로, 주차장으로 용도가 계속 바뀌어 왔다. 옛 유럽도시처럼 정사각형에 주먹돌로 포장되어 있는 광장 한 켠에서는 거리음악의 리듬에 맞추어 손잡고 춤추는 할아버지와 어린 손녀가 평화로운 축제분위기를 자아낸다. 과거 어둡고 우울했던 노예시장이 오늘날 밝고 활기찬 관광객과 시민들의 예술공간으로 바뀐 것이다.

노예시장에서 예술공간으로 바뀐 그린 마켓 스퀘어

컴퍼니스 가든 Company's Garden 은 케이프타운에서 가장 오래된 공원이다. 처음에는 네덜란드 동인도회사 정착민들이 야채를 재배하는 가든으로 만들었으나 후에 영국인들에 의해 도시공원으로 바뀌었다. 공원의 남쪽에는 국립박물관과 광장이 있고, 이 공원을 중심으로 국립미술관, 국립문화역사박물관, 유대인 박물관, 세인트 조지 성당, 노예의 집 등 국가적인 역사문화공간들이 자리잡고 있다.

1679년 흑인 노예들을 수용하고 매매하기 위해 지은 노예의 집 The Slave Lodge 은 장방형의 1층 벽돌구조로 내부는 마치 감옥처럼 중정형으로 구성되어 있다. 18세기 중반에는 2층으로 증축되었으며, 그후 총독사무실, 대법원 청사로 사용되다가 1966년부터 문화역사박물관으로 이용되고 있다. 1967년 국가기념물로 지정된 건물 1층에는 케이프타운의 도시계획 역사와

어두웠던 케이프타운의 역사를 증언하고 있는 노예의 집

당시 고통받던 노예들의 참상이 전시되어 있다. 2층에는 넬슨 만델라를 비롯하여 인종차별정책 '아파르트헤이트 apartheit'에 저항했던 사람들의 기록물들이 케이프타운의 어두웠던 역사를 증언하고 있다.

보캅 BO-Kaap 지구는 말레이인들이 저마다 다른 건물색으로 개성을 마음껏 표현한 재미있는 집단주택지이다. 보캅지구의 건물들은 두 가지 이유로 외벽이 다양한 색으로 칠해졌다. 하나는 말레이시아·인도 등 아시아에서 건설노동자로 건너와 함께 모여 살면서 각자 자기집을 쉽게 찾거나 알리기 위해서였고, 또 다른 하나는 유색인종 차별정책에 저항하는 의미였다. 보캅지구는 2010년 남아공월드컵을 앞두고 정부지원으로 새롭게 단장하여 오늘날 케이프타운의 건축관광명소로 자리매김되었다.

테이블만 항구에 초현대식의 대형 쇼핑몰과 레스토랑, 노천카페, 마리나

집집마다 건물 외벽의 색이 다른 보캅지구

시설, 호텔, 갤러리가 들어서 있는 워터프런트 **Victoria & Alfred Waterfront** 는 2014년 도시재생사업을 통해 새롭게 재개발된 세계 최고수준의 문화관광 단지이다. 이곳에서는 세계의 수많은 여행가들로 활기가 넘치고 다양한 길거리 공연이 펼쳐진다. 노벨광장에는 만델라, 투투대주교 등 남아공 출신으로 노벨평화상을 받은 4명의 동상이 서 있다. 항구에서 배를 타고 약 30분 가면 아파르헤이트 시절 만델라 전 대통령이 수감되었던 흑인 정치범수용소가 있는 로벤섬이 있다. 당시의 수용소는 현재 박물관으로 사용중이며, 1999년 남아공 최초로 유네스코 세계문화유산으로 등재되었다.

워터프런트 남측에 자리잡고 있는 자이츠 현대아프리카뮤지엄 **The Zeitz MOCAA** 은 아프리카를 대표하는 세계적인 미술관이다. 이 뮤지엄은 2017년 9월 영국의 인테리어 디자이너 토머스 히더윅 **T. Heatherwick** 이 1921년부터 2001년까지 곡물창고로 사용되던 건물을 리모델링한 것이다. 9층짜리 건물

도시재생을 통해 새롭게 탄생된 세계 최고수준의 워터프런트 마리나

MOCAA의 내부공간 디자인

MOCAA에 전시된 흑인여성 사진작품

곡물창고를 개조하여 지은 자이츠 현대 아프리카 뮤지엄(MOCAA)

로 연면적 9,500평방미터에 80여 개의 전시공간을 갖춘 이 미술관은 기존 원통형의 사일로 Silo 를 포함한 내부구조를 그대로 유지하면서 갤러리로써의 기능과 형태를 절묘하게 조화시켰다.

건물의 외부도 콘크리트를 그대로 드러내기 위해 두꺼운 외부 마감재를 벗겨내고 새로운 창을 추가한 것 외에는 손대지 않았다. 깨진 유리를 붙인 것 같은 건물의 상층부 디자인이 독특한 높이 67미터인 이 건물은 케이프타운의 새로운 랜드마크가 되었다. 산업유산을 창의적인 예술공간으로 재생시킨 아주 좋은 사례이다. 미술관에는 주로 아프리카의 젊은 현대 미술가들의 회화, 조각, 설치미술, 사진 등이 전시되어 있다. 특히 흑인을 모델로 찍은 많은 사진작품들이 매우 인상적이다.

매년 1월 2일에 열리는 케이프타운의 전통적인 민속축제 민스트럴 카니발 Minstrel Carnival 은 19세기 흑인 노예들이 주인에게 신년 휴가를 받은 것에서 유래되었다. 축제 참가자들은 주로 흰색 옷을 입은 음악가로 분장하고 양산을 흔들거나 밴조와 같은 악기를 연주하고 흥겹게 노래를 부르며, 도심까지 행진하면서 노예문화축제를 마음껏 즐긴다. 민스트럴 카니발은 아프리카 대륙의 삼바축제라 할 수 있다.

남아공은 백인의 비율이 전체 인구의 30퍼센트를 넘는다. 케이프타운은 완전히 유럽풍의 도시이지만, 아프리카 대륙의 원주민은 물론 네덜란드, 영국, 말레이시아, 인도, 스리랑카 등 여러 대륙의 다양한 문화가 통합되어 오늘날 세계적인 선진도시로 발전하였다. 특히 흑인 노예와 그 후손들은 케이프타운의 언어와 종교, 건축, 공예, 음식, 음악, 미술 등 문화예술적 전통을 만드는 데 많은 영향을 미쳤다. 앞으로도 노예와 관련된 전통문화의 다양성이 케이프타운의 지속가능한 발전과 새로운 도시재생 프로젝트를 위한 풍부한 패러다임을 제공하게 될 것으로 보인다.

중세 전통방식을 유지하고 있는 가죽 염색공장

04 이슬람 지성의 중심 도시 페스 모로코

페스는 지브롤터 해협에 면해 있는 모로코의 내륙지역에 위치하고 있다. 8세기 말부터 건설된 페스는 857년 개교하여 세계에서 가장 오래된 모스크이자 이슬람대학인 키라위인 Qarawiyin 에서 오랫동안 모로코의 신앙·학문·예술을 주도해왔기 때문에 '이슬람 지성의 중심'으로 불린다. 특히 메디나로 불리는 옛 시가지의 거리와 건축물들은 독특한 중세 이슬람 양식을 고스란히 간직하고 있어 유네스코 세계문화유산에 등재되어 있다. 시간이 멈춘 도시, 베일로 얼굴을 가린 여인과 같은 도시가 바로 페스이다.

중세 아랍 이슬람인들이 만든 페스를 특별하게 만드는 것은 세계에서 가장 넓고 복잡하다는 미로와 같은 9천여 개의 골목길이다. 좁다가 넓어지고, 막히다가 트이며, 오르다가 갑자기 내려가기도 하는 구불구불한 골목을 그저 마음 내키는 대로, 발길 닿는 대로 걷다 보면 수백년 전의 전통시장, 사원과 이슬람학교, 염색공장, 목욕탕, 찻집들이 펼쳐진다. 두 사람이 나란히 걷기도 힘든 이 골목의 유일한 운송수단은 아찔할 만큼 무거운 짐을 싣고 비틀거리며 걸어가는 비쩍 마른 당나귀뿐이다.

▶ 수천 년 전의 메디나 골목
▶▶ 메디나의 유일한 교통수단인 당나귀

두 사람이 나란히 걷기도 힘든 좁은 골목길의 전통상가

북부 아프리카와 남부 유럽을 연결하는 무역도시로 발달한 페스는 수천 년 전부터 가죽을 생산해왔다. 세계 최고의 품질로 꼽히는 페스의 가죽은 말렘 **Mallem** 이라고 불리는 장인의 손에 의존해 털을 벗기는 일에서부터 염색까지 모두 중세시대와 비슷한 방식으로 이루어진다. 비둘기 똥이나 소의 오줌 같은 천연재료를 염색재료로 사용하기 때문에 역겨운 냄새가 상상을 초월할 정도로 코를 찌른다.

열악한 주거공간과 작업환경에서 묵묵히 삶을 이어가는 메디나 사람들의 삶의 무게를 짐작할 수 있다. 마땅히 할 일이 없어 서너 명씩 모여 길바닥에 앉아 있는 젊은 청년들, 담배 몇 박스를 놓고 팔고 있는 아프리카의 아이들도 우리말로 "안녕하세요", "좋아요" 정도는 말할 줄 안다.

시인 신혜순은 「삶의 수렁과 미로의 구체도(具体図)를 보고 싶은 사람들은 페스로 가야 한다」라는 제목의 시에서 시간이 멈춘 모로코의 중세도시 페스 사람들이 살아가는 모습을 다음과 같이 묘사하고 있다.

시간이 멈춘 중세도시 페스의 메디나 성곽

옛 중세도시 메디나로 들어가는 관문 밥 부 줄루드 문

"죽지 못해 천형(天刑)처럼 미로에 갇혀 살고 있다. 양가죽 쪼가리 만한 하늘이 높은 회벽 사이에 걸쳐 있고, 이 세상 미로 아니고 냄새나지 않는 곳 어디 있으랴만, 노인 하나가 노란 가죽처럼 함께 날아가고 있다."

밥 부 줄루드 **Bad Bou Jeloud** 문은 페스의 옛 중세도시 메디나로 들어가는 관문으로 메디나의 서쪽에 있다. 1913년에 세워진 이 문의 바깥쪽은 페스를 상징하는 청색 타일로, 안쪽은 이슬람을 상징하는 녹색의 아라베스크 무늬로 장식되어 있어 화려하고 정교하다.

모로코는 아프리카의 이슬람 문화와 유럽의 기독교 문화가 뒤섞여 있어 독특한 예술적 향기를 발산한다. 이 도시 사람들은 페스가 모로코에서 신앙심이 가장 깊고, 문화적으로 가장 세련되었으며, 예술적 감수성이 가장 발달한 곳이라고 굳게 믿고 살아간다고 한다.

옛 영화를 간직하고 있는 빨강색 지붕의 리스본의 구시가지 모습

05 해양대국의 도시 리스본 포르투갈

포르투갈의 수도 리스본은 대서양에 면해 있는 테주강의 하구에 입지하고 있는 인구 약 55만 명의 도시이다. 항해 왕으로 불리는 엔리케 왕 때인 1498년 바스코 다 가마 Basco da Gama 가 인도항로를 발견하여 무역도시로 발전하면서 서유럽에서 가장 아름다운 도시로 급성장하여 전성기를 이루었다. 포르투갈은 18세기까지 브라질, 마카오 등의 식민지를 거느린 해양대국이었다. 리스본은 옛 영화의 추억을 간직하고 있는 도시지만 지금은 다른 유럽 도시들에 비해 소박하고 조용하다.

리스본은 기원전 12세기경 페니키아인들에 의해 처음 건설되어 15~16세기 이른바 대항해 시대에는 서유럽의 중심도시가 되었다. 그러나 전성기에 만들어졌던 가로와 건축물은 1755년 대지진으로 거의 사라졌다. 현재의 격자형 가로와 엄격하게 3층으로 통일되어 있는 규칙적인 시가지는 당시 행정장관이었던 폼발 **Pombal** 후작에 의해 만들어진 것이다.

리스본의 시가지는 크게 세 지역으로 구분된다. 중앙부는 바이샤라고 불리는 저습지로, 대부분 지진 후에 재건되면서 상업 및 행정기관이 집중되었다. 동부는 본래 페니키아인과 로마인의 거리였던 알파마지역으로, 상 조르제 **St. George Castle** 성이 있다. 서부의 벨렘지역은 성채였던 벨렘탑, 바스코 다 가마를 기념한 고딕양식의 제로니무스 수도원, 아주다 궁전, 박물관, 대학 등 역사적인 건축물이 남아 있다.

바이샤 **Baixa** 지역은 포르투갈의 주요 도시들을 연결하는 로시우 기차

리스본 구시가지의 중심지 바이샤 지역

폼발 후작의 도시계획으로 세워진 코메르시우 광장

역과 로시우 광장, 코메르시우 광장 등 주요 건조물이 집중되어 있는 리스본 구시가지의 중심이다. 바이샤 거리는 폼발 양식의 전형을 보여주듯이 격자형 가로망으로 구획되어 있다. 건물도 반듯하게 생긴 행정기관과 오피스빌딩·상점·레스토랑·카페 등 상업용 건물이 빼곡히 들어서 있다. 이 거리는 노천카페와 노점상들이 많아 보행전용공간으로 이용되고 있다.

로시우 Rossio 광장(페드로 광장)은 13세기 이후 리스본의 중심으로, 정치행사는 물론 종교재판도 열리고 있다. 중앙에는 신생 독립 브라질의 첫 번째 왕인 페드로 4세의 기마동상이 우뚝 솟아 있다. 광장 주변은 카페와 레스토랑이 많아 시민과 관광객으로 항상 번화하다. 과거 세계적인 해양대국을 과시하듯이 바다를 상징하는 파도물결 무늬로 디자인된 바닥포장이 매우 인상적이다.

리스본에서 가장 큰 코메르시우 Comercio 광장의 중앙에는 조세 I세의 기마동상이 있다. 광장 북쪽에는 19세기에 세운 개선문이 있는데, 폼발 후작과 바스코 다 가마의 조각상으로 장식되어 있다. 코르메시우 광장은 1908년 카를로스 I세와 황태자가 암살당한 역사적인 장소이기도 하다.

알파마지역은 중세 유럽의 도시에서 흔히 볼 수 있듯이, 미로처럼 얽힌 좁은 골목길과 상 조르제 St. George Castle 성이 있다. 성 꼭대기에 올라가면 리스본의 옛 시가지 모습을 볼 수 있다. 다닥다닥 붙어 있는 3~5층의 붉은색 기와지붕의 공동주택에서 서민들의 삶을 엿볼 수 있다.

바이루 알토지역에는 리스본의 도시문화가 살아 숨쉰다. 예술가들이 즐겨 찾는 이 지역은 복잡하게 얽힌 길이 경사진 언덕으로 이어져 예술과 문화적인 분위기와 잘 어울리는 느낌이다. 이 거리에는 오래되고 전통이 엿보이는 레스토랑, 따뜻한 분위기가 스며나오는 카페, 작지만 운치 있는 술집이 많다. 집집마다 작은 창가에 올려 놓은 화분이나 창문의 커튼장식에서 이곳 사람들의 소박한 멋이 느껴진다.

바이루 알토지역의 좁은 골목에는 포르투갈의 대표적인 민속음악 파두 Fado 를 연주하는 클럽이 많다. 원래 운명이나 숙명을 뜻하는 파두는 포르투갈 최고의 국민가수 로드리게스 Amalia Rodrigues 가 1954년에 부른 「검은 돛배 Barco Negro」로 인해 세계적으로 널리 알려졌다. 파두는 바다를 어두운 숙명처럼 받아들이며 살아가는 리스본 사람들의 그늘진 삶과 바다를 향한 그리움과 한을 담은 민요로, 스페인의 플라멩코와 함께 이베리아반도의 대표음악이라고 한다. 민족의 한과 연인에 대한 그리움이 담긴 노래라는 점에서 우리나라의 아리랑과 비슷하다.

벨렘지역은 포르투갈이 해양제국으로 번성하였던 역사를 보여주는 곳이다. 아프리카 대륙의 최남단 희망봉을 발견한 바르톨로메우 디아스, 인도항로와 미주대륙을 발견한 바스코 다 가마, 남미의 거대한 식민지 브라질의 정복 등 15~16세기에 세계에서 가장 강력한 해양제국으로 군림하던 당시의 흔적이 남아 있다. 신대륙 발견 기념탑은 해양왕 엔리케와 그를 따르는 탐험가들을 부조로 조각하여 바다와 모험을 좋아하는 포르투갈 민족의 기상

리스본의 문화가 숨쉬는 바이루 알토 지역

파두의 여왕 아말리아 로드리게스

을 표현하고 있다. 기념탑 아래의 바닥에는 포르투갈이 한 때 지배하였던 브라질 · 마카오 등 세계 속의 여러 나라를 보여주는 조각된 세계지도는 옛 해양대국의 자부심을 보여준다. 3층으로 지어진 벨렘탑의 옥상에는 전망대가 설치되어 있어 리스본 항과 시내를 조망할 수 있다.

벨렘지역에 위치하고 있는 제로니무스 수도원 Jeronimus Monastery 은 1552년 국왕 엔리케의 명령으로 포르투갈 왕실의 예배당으로 사용하기 위해 지었다. 그러나 훗날 탐험가 바스코 다 가마가 인도에서 무사귀환한 것을 기념하기 위한 수도원으로 증축되었다. 돌과 나무로 지어진 이 건축물은 섬세한 파사드와 실내장식기술이 뛰어나 '죽기 전에 꼭 봐야 할 세계건축 1001' 에 선정되었다. 유네스코 세계문화유산에도 등재되어 있다.

포르투갈의 오랜 역사속에서 한 때 세계를 주름잡던 옛 영광을 추억으로 간직하고 있는 리스본은 '1998년 리스본엑스포' 를 계기로 문화도시로 발돋움하였다. 엑스포시설의 대부분은 국제회의장, 전시장, 공연 및 문화행사장 등 예술문화공간으로 활용하고 있다. 로드리게스의 파두와 호나우드의 축구는 포르투갈 국민의 자부심을 지켜주는 보이지 않는 연결고리다. 이 나라에서 축구는 인생역전의 기회를 잡을 수 있는 유력한 스포츠이다.

돌과 나무로 지은 제로니무스 수도원의 내부 중정

지금은 문화공간으로 사용되는 1998년 리스본 엑스포 행사장

정열의 도시 마드리드 도심의 거리 모습

06 정열과 낭만의 도시 마드리드 스페인

이베리아 반도의 중앙에 위치하고 있는 스페인의 수도 마드리드는 정열과 낭만의 도시이다. 도시 곳곳에는 바로크 양식의 왕궁과 유명한 광장들이 자리잡고 있고, 세계 최대 규모를 자랑하는 프라도 국립미술관, 소피아 미술관 등 수많은 미술관이 있다. 거리에는 고풍스러운 건축물과 동상, 기념물 monument 들이 곳곳에 널려 있어 도시 전체가 예술적인 분위기가 넘친다. 특히 스페인 특유의 밤문화, 전통적인 투우, 정열적인 플라멩코 춤을 볼 수 있는 활기와 낭만이 넘치는 도시가 마드리드이다.

스페인은 지정학적인 중요성으로 인해 여러 민족의 지배를 받았다. 기원전 3~5세기에는 로마의 통치를 받았고, 8~15세기 동안은 이슬람의 영향을 받기도 하였다. 1561년 펠리페 2세가 톨레도에서 마드리드로 수도를 옮기면서 제국의 수도가 되었다. 그 후 1830년에 프랑스의 지배를 받게 되면서 프랑스풍의 도시계획이 수립되고 건축물들이 세워졌으며, 프라도 미술관, 시벨레스 광장, 톨레도 개선문 등이 만들어졌다.

마드리드는 크게 옛날의 광장과 좁은 가로의 흔적이 남아 있는 구시가지, 새로운 주택가·관청·외국공관이 모여 있는 카스테야나 대로, 그리고 극장·백화점 등으로 번화한 상업지역의 세 지역으로 나누어진다. 마드리드 구시가지에서 가장 화려한 곳이 '태양의 문' 이라는 뜻을 가진 푸에르타 델 솔 광장 **Puerta del Sol Square** 이다. 광장에는 말을 탄 카를로스 3세의 동상이 있고 바닥에는 스페인 모든 지역의 중심지라는 의미에서 0km 표시가 새겨져 있다. 이 광장을 중심으로 9개의 주요 간선도로가 방사선으로 뻗어나

스페인의 심장이자 마드리드에서 가장 화려한 푸에르타 델 솔 광장

전형적인 근세 유럽 광장 양식의 마요르 광장

가 도시 공간구조의 골격을 형성하고 있다.

17세기에 만들어진 마요르 광장 **Plaza Mayor** 은 직사각형 모양의 전형적인 유럽식 광장으로 건물 모두가 발코니를 갖추고 있으며, 외부 벽면이 그림으로 장식되어 있다. 옛날에는 종교재판과 사형이 집행되던 공포의 장소이기도 했지만, 동시에 투우와 화려한 야외극 등이 공연되었던 시민문화의 공간이기도 했다. 광장의 중앙에는 스페인과 포르투갈의 왕을 겸했던 펠리페 3세의 청동기마상이 서 있다. 광장을 둘러싼 회랑식의 아케이드 1층에는 옷·장신구·기념품을 파는 가게와 노천카페, 레스토랑, 제과점 등이 자리하고 있다. 광장에서는 언제나 다양한 퍼포먼스가 펼쳐지고 있어 여행자들에게 여유와 재미를 제공해준다.

마드리드 거리에는 동상들과 기념물들이 곳곳에 자리잡고 있어 도시 전체가 예술적인 분위기가 넘쳐난다. 또 도시 자체가 박물관으로 느껴질 정도

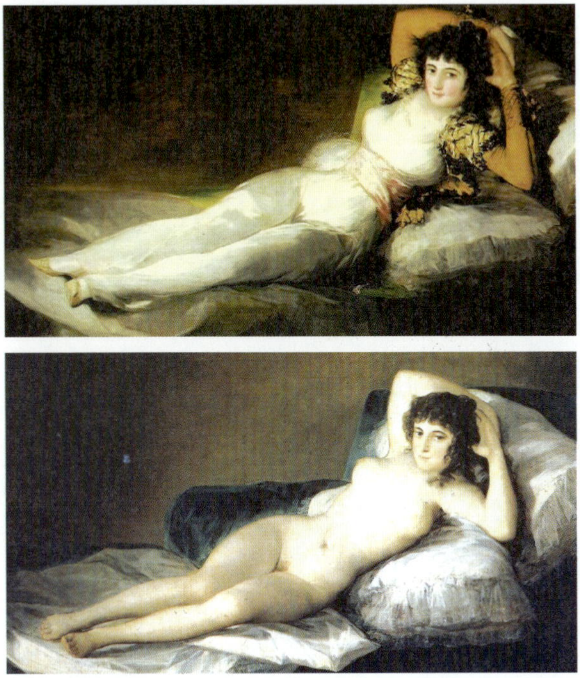

고야의 「옷을 입은 마하」와 「옷을 벗은 마하」

고야의 「제 자식을 잡아먹는 사투르누스」

세르반테스와 돈키호테의 동상이 있는 스페인 광장

로 고풍스런 성당과 수도원, 성채들도 많다. 그리고 오래된 도시이지만 도로와 시가지가 규칙적인 형태로 잘 정비되어 있다.

마드리드에서 가장 넓은 카스테야나 Castellana 거리의 끝자락에는 국립 프라도미술관이 위치하고 있다. 세계 3대 미술관 중 하나로 손꼽히는 이 미술관의 관람에서 빼놓을 수 없는 작품은 1층에 전시되어 있는 고야의 「제 자식을 잡아먹는 사투르누스」와 2층에 전시되어 있는 고야의 「옷을 입은 마하」와 「옷을 벗은 마하」이다. 그런데 옷을 벗은 마하는 스페인 최초로 여성의 알몸을 그대로 그렸기 때문에 유럽의 미술역사상 가장 스캔들이 많았던 그림이라고 한다.

프라도미술관 맞은편에는 레이나 소피아 Reina Sofia 국립미술센터가 자리잡고 있다. 이 미술관에는 피카소의 작품 「게르니카」를 비롯하여, 달리·고야·미로 등 20세기 현대미술을 대표하는 스페인 출신 화가들의 작품이 전시되어 있다. 미술관의 또 하나의 특징은 옛 종합병원이었던 건물을 내부 공간만 개조하여 1992년 예술문화공간으로 재활용했다는 점이다. 노후된 공공시설물에 문화와 예술의 옷을 입혀 도시재생에 성공한 것이다. 프랑스 건축가 장 누벨 J. Nouvel 이 설계한 레이나 소피아 미술관의 신관은 '죽기 전에 꼭 봐야 할 세계 건축 1001' 에 선정되어 있다.

19세기 초에 만들어진 그랑비아 Gran Via 거리에는 극장과 오락시설들이 즐비하다. 이 거리는 우리에게 잘 알려진 스페인을 대표하는 세르반테스의 소설 「라 만차의 돈키호테」의 주인공 돈키호테의 동상이 있는 스페인 광장까지 이어진다. 이 광장에는 세르반테스 사후 300주년을 기념해 세운 기념비가 있다. 먼저 늙고 말라빠진 말을 탄 돈키호테와 뚱뚱한 산초의 동상이 보이고, 그 뒤로 세르반테스가 앉아 자신이 창조해낸 인물들을 내려다보고 있는 것이 매우 흥미롭다.

스페인 광장에서 남서쪽으로 500미터 떨어진 곳에는 일반적으로 에스파냐 왕궁이라고 부르는 바로크 양식의 오리엔테 궁전 Palacio de Oriente 이 위치하고 있다. 마드리드의 동쪽에 위치하고 있는 이 왕궁은 1743년 화재로

에스파냐 왕궁으로 불리는 오리엔테 궁전

불타버린 이슬람교도들의 요새였던 알카사르 Alcazar 가 있었던 장소이다. 당시 스페인의 경제력이 그다지 좋지 못했기 때문에 다른 유럽 국가들의 왕궁에 비해 그 규모가 크지는 않지만, 궁전 내부는 아주 화려하게 치장되어 있다. 일반인들은 총 2,800여 개의 방 가운데 50개 정도의 방을 볼 수 있다. 도자기로 장식된 방, 그림, 금세공품 등 수많은 예술작품들이 한 때 세계를 주름잡던 스페인의 역사를 자랑하고 있다.

마드리드 시내는 문화유산을 소중히 여기는 전통 때문에 주택의 신축과 개 · 보수가 법으로 엄격하게 규제되어 있다. 그러나 도시의 공공공간과 건축물의 외관은 그대로 유지해야 하는 까다로운 조건이 있는 반면, 건축물 내부의 수리는 자유롭게 허용되어 있다. 전통의 품격과 현대의 기능을 잘 조화시키고 있는 것이다.

바르셀로나 고딕지구의 환경조형물

07 가우디의 도시 바르셀로나 스페인

바르셀로나의 인구는 160만 명에 불과하다. 그러나 경제력과 문화는 수도 마드리드에 결코 뒤지지 않는다. 스페인어 외에 카탈루냐어를 공식어로 사용할 만큼 지역문화에 대한 자부심도 강하다. 바르셀로나는 20세기 이후에 만들어진 건축물이 많아 옛것과 새것이 조화된 도시경관을 보여준다. 신대륙을 발견한 콜럼버스, 불멸의 화가 피카소, 그리고 천재 건축가 가우디를 키워낸 예술도시이다. 바르셀로나는 돈키호테의 작가 세르반테스가 '유럽의 꽃'이라고 불렀듯이, 세계에서 가장 뛰어난 문화예술도시이다.

바르셀로나는 프랑크족의 족장 샤를마뉴 Charlemagne 대제가 778년 새로운 도시를 만들면서 역사가 시작되었다. 이 도시는 일찍이 지중해 무역을 근간으로 부를 축적해왔기 때문에 스페인의 다른 도시와 비교가 안 될 정도로 경제와 문화수준이 높다. 그래서 바르셀로나가 속해 있는 카탈루냐 Catalunya 지역의 사람들은 자부심이 대단하다고 한다.

바르셀로나의 중심은 카탈루냐 광장이다. 광장 중심에는 아주 큰 분수와 상징조형물이 설치되어 있고, 주변에는 여행자들을 위한 자전거가 준비되어 있다. 카탈루냐 광장 동쪽의 구시가지 고딕지구 Gothic Quarter 에는 바로셀로나 대성당이 자리잡고 있다. 고딕 건축양식으로 첨탑 높이가 70미터나 되는 이 성당은 1448년에 완공되어 오랜 세월동안 시민들과 함께 해온 문화생활 공간이다. 주말에는 성당 앞에 시민들이 모여 전통민속춤 사르다나 Sardana 를 추기도 하며, 골동품을 파는 벼룩시장이 열리기도 한다.

바르셀로나의 중심 카탈루냐 광장

람블라 거리의 꽃집들

람블라 거리의 기념품가게들

카탈루냐 광장에서 남쪽으로 뻗은 람블라 Rambla 거리는 백화점, 은행, 꽃집, 선물가게들이 자리잡고 있어 많은 사람들로 북적거린다. 람블라 거리가 끝나는 지점에 있는 광장에는 신대륙을 발견한 것을 기념하여 세운 높이 50미터의 콜럼버스 동상이 서 있다. 오른손으로는 자신이 발견한 신대륙을 가리키고, 왼손은 파이프를 쥐고 있는 동상의 근처에서는 콜럼버스가 이용했던 선박 '산타마리아호'를 볼 수 있다. 그런데 저 작은 배를 타고 어떻게 거친 바다를 항해했을까 하는 의구심이 들기도 한다.

바르셀로나에는 "건축은 최고의 조형예술이다"라고 말한 천재 건축가 가우디 Antonio Gaudi 가 남긴 수많은 건축작품들이 남아 있다. 흔히 성가족 성당으로 번역되는 사그라다 파밀리아 Sagrada Familia 는 1882년부터 짓기 시작하여 지금도 공사중에 있다. 가우디 사망 100주년이 되는 2026년에 완공될 예정이다. 성당의 지붕이자 첨탑은 옥수수처럼 생겼으며, 각종 조형물들의 모양도 카탈루냐 지방의 식물이나 과일과 비슷하다. 총 18개로 이루어진 탑은 예수의 제자 12명과 4명의 복음서의 저자(마테오, 마르코, 루카, 요한), 성모 마리아와 예수를 뜻한다. 그중에서 가장 높은 탑이 예수를 상징한다. 가우디의 예술성은 독특한 지붕형태에서 특히 돋보인다.

천재 건축가 가우디의 종교적 열망이 담겨 있는 성가족 성당

가우디는 25세에 바르셀로나 건축학교의 교수가 되었고, 평생 독신으로 살면서 오직 건축에만 몰두하였다. 1926년 전차사고로 생을 마감한 그는 로마 교황청의 배려로 자신이 평생을 바쳤던 성가족 성당의 지하에 묻혀 있다. 성가족 성당은 매년 200만 명 이상의 관광객이 다녀간다고 한다.

가우디 작품은 주로 곡선을 이용하였으며, 그 지역에서 나오는 자연재료를 사용한 다양하고 강렬한 색상의 장식이 독특하다. 그의 또 하나의 걸작품은 카사밀라 **Casa Mila** 이다. 이 주택은 벽돌이나 철골구조물을 이용하여 직선과 직각 형태로 짓는 일반 건축물과는 달리 외부가 거대한 돌덩어리에서 튀어나온 듯한 발코니와 창문이 바다물결 처럼 곡선을 이루고, 괴상하게 생긴 굴뚝이 솟아있다. 그는 다음과 같은 어록을 남겼다.

직선은 인간의 선이고 곡선은 신의 선이다.
건축의 모든 해답은 위대한 자연속에 있다.

곡선과 자연재료를 이용한 카사밀라 주택

조각처럼 디자인된 카사밀라 주택의 지붕

전원주택지로 조성하려 하였으나 시민들의 휴식공간이 된 구엘공원

멀리 지중해와 바르셀로나 시내가 잘 내려다보이는 언덕 위에 있는 구엘공원은 가우디가 저명한 사업가였던 구엘 Euseli Guell 백작의 요청으로 설계한 60호의 전원주택지이자 그들이 꿈꾸던 유토피아였다. 그러나 자금난이 겹치면서 몇 개의 건물과 광장, 벤치 등을 남긴 채 미완성으로 끝나고 말았다. 이곳은 구엘이 죽은 뒤 가족들이 땅을 시에 기증한 뒤 공원으로 조성하여 시민들의 휴식공간으로 더욱 사랑받고 있다.

바르셀로나가 수도인 마드리드보다 더 유명해진 이유에는 여러 가지가 있다. 지중해의 밝은 태양과 오랜 역사의 흔적, 그리고 무엇보다 가우디·달리·피카소·미로 등과 같은 예술가들의 작품을 쉽게 볼 수 있기 때문일 것이다. 바르셀로나의 시민들은 이곳에서 젊은 시절을 보낸 피카소에 대한 자부심이 대단하다. 그럼에도 불구하고 이 도시의 주인공을 뽑으라면 역시 가우디를 선택하는데 주저하지 않을 것이다.

도심 한가운데에 우뚝 솟은 토레 아그바르 Torre Agbar 는 바르셀로나의 또 하나의 랜드마크이다. 프랑스의 건축가 장 누벨 J. Nouvel 이 디자인한 이 빌딩은 식수회사 건물로 총 4,500여 개의 창문이 빨강·노랑·파랑·핑크색 빛으로 시시각각 변하면서 휘황찬란한 야경을 연출해낸다.

바르셀로나의 또 다른 랜드마크가 된 토레 아그바르 빌딩

유람선에서 바라 본 산 마르코 성당과 두칼레 궁전

08 물 위의 도시 베네치아 이탈리아

118개의 작은 섬과 150개의 운하로 이루어진 물 위의 도시 베네치아의 형태는 11세기 말에 완성되어 지금까지 거의 변화하지 않았다. 산타루시아역 주변의 일부 지역을 제외하면 자동차가 한 대도 없어 오로지 수상 교통수단으로만 도시활동이 이루어진다. 베네치아의 건축물은 이탈리아의 다른 건축물과는 달리 화려하고 정교하다. 서양 중세 광장의 특징을 대표하는 산 마르코 광장, 가면축제, 곤돌라 체험 등 세계에서 오직 베네치아에서만 느껴볼 수 있는 이색적인 분위기는 평생 잊을 수 없는 추억을 안겨준다.

영어로는 베니스 Venice 로 불리는 베네치아는 역사도시인 구 베네치아와 공업도시인 신 베네치아로 나누어진다. 구 베네치아는 6세기 이탈리아 북쪽의 훈족을 피해 이주해온 사람들이 리알토 섬을 중심으로 마을을 만들면서 도시역사가 시작되었다. 14~15세기 베네치아 공화국 시대에는 해상무역의 전성기를 이루었다.

베네치아는 지중해 북부 아드리아 해의 수심 2미터 아래로 넓게 펼쳐진 진흙펄 위에 몇 백 년 동안 쌓인 화산재 등으로 바다를 메우고, 그 위에 150만여 개의 기둥을 박아 건설한 도시이다. 이렇게 많은 기둥이 도시를 받치고 있지만 어떤 공법으로 만들어졌는지는 아직도 불가사의하다.

베네치아의 도시 공간구조는 시가지를 S자로 관통하면서 흐르는 길이 3.8킬로미터의 대운하와 이를 주축으로 거미줄처럼 연결되는 좁은 운하들로 이루어져 있다. 도시를 움직이는 교통수단은 바포레토 vaporetto 라고 불리는 수상버스와 자가용 승용차와 같은 곤돌라가 전부이다. 이탈리아말로 '흔들리다' 라는 뜻을 가진 곤돌라는 길이 약 10미터, 너비 1.2~1.6미터로

뱃사공이 이탈리아의 전통가요 칸초네를 불러주는 곤돌라

베네치아의 스카이라인을 이루는 산 마르코 성당의 종탑

고대의 배 모양을 하고 있다. 5~6명을 태우고 2명의 뱃사공이 노를 저으며 이탈리아의 전통가요 칸초네를 불러주는 곤돌라여행은 베네치아에서만 느낄 수 있는 낭만적인 분위기이다.

베네치아의 중심은 나폴레옹이 "유럽에서 가장 아름다운 거실이다"라고 극찬했다는 산 마르코 San Marco 광장이다. 성인 마르코(마가)를 추모하기 위하여 882년에 건설된 이 광장의 특징은 산 마르코 성당이 입지하고 있는 쪽의 폭이 더 길고, 그 반대쪽의 폭이 더 짧은 사다리꼴 모양을 하고 있다는 점이다. 이는 산 마르코 성당 쪽에서는 광장이 넓어서 많은 사람이 모여 있는 느낌을 주고, 반대쪽에서는 성당 쪽이 더 가깝게 보이는 느낌을 주도록 하는 서양 중세의 전형적인 광장디자인 수법이기도 하다. 산 마르코 광장은 수많은 여행자들과 날아다니는 비둘기 무리로 언제나 활기가 넘친다. 사람들에게 시각적으로 아름다운 것은 건축물이지만, 오감을 통해 감동과 감흥을 주는 것은 거리와 광장과 같은 도시의 공공장소이다.

산 마르코 광장 주변에는 산 마르코 성당을 비롯하여 두칼레 궁전, 탄식의 다리 등 베네치아의 주요 역사적 의미와 스토리를 지닌 카페, 레스토랑 등이 자리잡고 있다. 특히 산 마르코 광장에서는 괴테나 릴케와 같은 세계적 문인들의 숨결을 느낄 수 있는 카페 플로리안 Florian 에서 커피를 즐길 수 있다. 해가 지는 저녁 무렵에는 라이브 카페에서 재즈밴드의 연주가 시작되고, 분위기가 한창 무르익을 즈음에는 빈자리가 채워진다.

산 마르코 성당은 1세기 초에 두 명의 상인이 이집트 알렉산드리아에서 가져온 베네치아공화국의 수호성인 마르코의 유골을 안치하기 위해 건축된 성당이다. 이 성당은 입구 안쪽에 있는 구약성서의 내용을 담고 있는 금빛 모자이크가 아름다운 것으로도 유명하다.

베네치아공화국의 권력과 영광의 상징인 두칼레 궁전은 9세기에 총독의 궁전으로 지어졌으나 지금은 박물관으로 이용되고 있다. 호화로운 궁전 내부에는 베네치아파 화가들의 그림이 전시되어 있다. 그중 3층에 있는 틴토레토의 벽화 「천국 Paradiso」은 가로 24.6미터, 세로 7.5미터 크기로 세계

세계의 여행자들과 비둘기 무리로 활기가 넘치는 산 마르코 광장

산 마르코 광장의 라이브 카페와 레스토랑

베네치아 소운하의 입구와 시장광장

에서 가장 큰 유화작품으로 알려져 있다.

당시 두칼레 궁전에 있는 법원에서 판결을 받은 죄수들은 공중에 매달린 '탄식의 다리'를 건너서 감옥으로 갔다. 죄수들은 한 번 건너가면 다시는 살아 돌아오지 못하는 이 다리를 건너며 창문을 통하여 전개되는 아름다운 바다를 바라보면서 탄식했다고 해서 붙여진 이름이라고 한다. 그러나 바람둥이의 대명사인 카사노바는 재판을 받고 이 다리를 건너 갔었지만, 유일하게 탈옥에 성공한 사람으로 기록되고 있다.

베네치아는 성당·궁전·미술관·유리세공업·가면 등 건축과 미술의 보고일 뿐만 아니라 바이올린 협주곡 「사계」를 작곡한 비발디 A. Vivaldi 와 13세기에 중국(원나라)을 소개한 「동방견문록」으로 유명한 마르코 폴로의 고향이기도 한 세계적인 문화예술도시이다.

두칼레 궁전과 바다를 사이에 두고 마주하고 있는 주데카 섬에는 17세기 초반에 지어진 산 조르조 마조레 성당이 있다. 이 성당은 산 마르코 광장

앞의 바닷가에서 보면 잔잔한 물 위에 떠 있는 그림처럼 아름답다.

대운하에 면해 있는 구겐하임 미술관 Peggy Guggenheim Collection 은 현대미술품 수집가였던 미국의 페기 구겐하임이 30년 동안 머물렀던 하얀 저택이었다. 지금은 피카소, 몬드리안, 칸딘스키 등 입체파와 초현실주의파 유명 화가들의 작품을 소장하고 있어 이탈리아에서는 최고로 손꼽히는 현대미술관으로 평가받고 있다.

베네치아에는 S자형의 대운하를 횡단하는 몇 개의 다리 중에서 가장 유명한 것이 길이 48미터인 아치형의 리알토 Ponte di Rialto 다리이다. 셰익스피어의 「베니스의 상인」의 무대였던 이 다리 위에는 기념품가게가 빽빽이 자리잡고 있다. 여기에서 다리 밑을 지나가는 배와 곤돌라를 바라보는 것도 아주 재미있다. 대운하 옆에는 나폴레옹을 비롯하여 괴테, 헤밍웨이, 처칠, 마릴린 먼로 등 세계 유명인들의 별장이 있었다고 한다.

한 번 건너가면 돌아오지 못했다는 탄식의 다리

물 위에 떠 있는 듯한 산 조르조 마조레 성당

셰익스피어 「베니스의 상인」의 무대로 유명한 리알토 다리

베네치아는 현대 미술전시장에서의 국제비엔날레, 리도의 국제영화제, 페니체극장에서의 음악회 등 문화활동도 매우 활발하다. 베네치아는 로마·피렌체와 더불어 이탈리아의 3대 관광도시 중 하나로 손꼽힌다. 그러나 구시가지는 면적이 좁을 뿐만 아니라 일상 생활이 불편하여 최근에는 신시가지인 대안지역의 발전이 뚜렷하다.

베네치아는 아드리아해의 맑고 푸른 바다, 미로 같은 운하, 운하 위를 떠다니는 곤돌라, 그리고 물 위에 떠 있는 듯한 고풍스러운 건물들이 세상에서 가장 독특하고 아름다운 도시풍경을 만들어낸다. 1980년대 듀엣 가수 '시인과 촌장'은 단 두 줄짜리인 「풍경」이라는 노래를 불렀다.

세상 풍경 속에서 제일 아름다운 풍경
모든 것들이 제 자리로 돌아오는 풍경

미켈란젤로 광장에서 바라 본 피렌체 시가지 모습

09 백합꽃의 도시 피렌체 이탈리아

이탈리아의 중부 토스카나 지역에 위치하고 있는 피렌체는 인구 약 37만 명의 역사도시이다. 서양 중세 신으로부터 벗어나 인본주의의 회복과 문예부흥의 부활을 추구한 르네상스운동의 발상지인 피렌체는 '꽃'이라는 뜻 그대로 활짝 핀 백합꽃처럼 아름답다. 피렌체의 곳곳에는 단테를 비롯해 미켈란젤로, 레오나르도 다 빈치 등 미술가들의 아름다운 작품과 이 도시를 지배했던 메디치 Medici 가문의 흔적이 그대로 보존되어 있다. 르네상스시대의 건축과 공공미술의 극치를 보여주는 피렌체는 매혹적인 예술도시이다.

피렌체의 도시로의 발전은 기원전 2세기부터 시작된다. 영어로는 플로렌스 Florence 라고 불리는 피렌체는 12세기부터 모직물·귀금속업 등을 바탕으로 서유럽의 상공업과 금융업의 중심도시가 되었다. 16세기경에는 이러한 경제성장을 바탕으로 르네상스시대의 정치와 문화의 중심이 되었다. 특히 단테의 「신곡」은 중세 신의 속박으로부터 인간을 해방시키고 르네상스 예술의 싹을 틔우는 계기를 만들었다.

아르노 Arno 강가의 작은 언덕에는 미켈란젤로 광장이 있다. 광장 한가운데에는 미켈란젤로 탄생 400주년을 기념하여 1871년에 세워진 다비드상이 서 있다. 이 광장에서는 붉은색 지붕들의 시가지 모습은 물론 아르노강, 베키오 다리, 두오모 성당 등 아름다운 도시 전체의 경관을 한 장면으로 볼 수 있다. 피렌체는 가로와 건축물의 스케일이 상대적으로 작기 때문에 중세 도시의 공간문화와 예술적 분위기를 체험하기에 아주 좋다.

시가지의 중심을 가로질러 흐르는 아르노강에 걸쳐 있는 폰테 베키오 Ponte Vecchio 다리는 단테가 연인 베아트리체를 처음 만나 사랑을 나눈 장소로 유명하다. 1345년에 건설된 이 다리는 강의 경치를 볼 수 있도록 중간에 전망광장이 있는 것이 특이하다. 1944년에 연합군의 추격을 받던 독일군이 강 양쪽 기슭의 집을 모두 파괴했으나 마지막 순간 히틀러의 명령에 따라 유일하게 베키오 다리만은 남겨두었다고 한다. 다리 위에는 화려한 금세공품과 기념품을 파는 아기자기한 상가가 형성되어 있다.

단테의 동상이 서있는 광장 정면에는 대리석으로 장식한 아름다운 모습의 산타 크로체 성당 Basilica Di Santa Croce 이 있다. 13세기 말에 착공하여 15세기 중반에 완성된 이 성당은 그냥 지나쳐버리기 쉬운 곳이지만 단테, 미켈란젤로, 갈릴레이, 마키아벨리 등 피렌체가 자랑스러워 하는 인물들이 잠들어 있다. 단테가 살았던 집은 단테박물관으로 이용되고 있다.

피렌체의 심장은 시뇨리아 광장이다. 시뇨리아 Signoria 라는 말은 남성을 의미하는데, 그 당시에는 투표권이 남성에게만 주어졌기 때문에 남자들이 모여 투표를 행하던 장소라는 의미에서 시뇨리아 광장이라고 불렀다고

단테와 미켈란젤로가 잠들어 있는 산타 크로체 성당

단테가 살았던 집, 단테박물관

단테가 연인 베아트리체와 사랑을 속삭였던 베키오 다리

한다. 광장에 면해 있는 베키오 궁전 정문 앞에는 비록 모조품이지만 헤라클레스와 다비드상이 당당하게서 있다. 광장에는 사바나의 약탈상과 넵튠의 동상, 피렌체공화국을 일으킨 메디치의 동상, 화려한 분수와 조각 등 르네상스 시대의 공공 미술작품들이 옛 모습 그대로 남아 있다.

소박하고 강건해 보이는 고딕풍의 건물 베키오 궁전 안으로 들어가면 피렌체의 상징인 사자상이 먼저 눈에 띈다. 권력을 쟁취하고 유지하기 위해서는 인자하기보다는 잔인해야 하고, 사랑을 느끼게 하기보다는 두려움을 느끼게 해야 한다는 「군주론」을 저술한 마키아벨리의 서재도 볼 수 있다.

피렌체는 서양 중세의 신 중심에서 벗어나 인간 중심의 르네상스 정신이 싹트고 개화된 본고장이다. 그런데 피렌체가 이 같은 예술적 품격을 지닌 도시가 될 수 있었던 것은 미켈란젤로, 레오나르도 다 빈치, 보티첼리, 브루넬레스키 등을 적극 지원하고 장려했던 메디치 Medici 가문이 있었기 때문이다. 금융업으로 크게 성공한 메디치 가문에서는 예술가들의 작품을 사주고 실력 있는 예술가면 누구든지 자신의 집에 들어와 자유롭게 작업할 수 있도록 배려해 주었다고 한다.

시뇨리아 광장 근처에 있는 우피치 Uffizi 미술관은 고대 그리스의 미술품에서 근대의 렘브란트 작품까지 다양한 작품을 소장하고 있다. 특히 르네상스 화가들의 걸작품을 다량 보유하고 있어 세계적인 미술관으로 손꼽힌다. 이곳에서 가장 인기 있는 작품은 보티첼리의 「우르비노의 비너스」와 미켈란젤로의 「성가족」이다.

피렌체 근교의 조그만 마을에서 사생아로 태어난 레오나르도 다 빈치는 어린 시절에는 사고뭉치로 자라 처음에는 메디치가문의 악사로 활동했다. 파리에서 화가로 활동한 그는 「모나리자」, 「최후의 만찬」 등 너무 유명한 작품들을 남겼으며, 그밖에도 건축 및 도시계획 작품, 비행기, 병따개, 포크 등 수많은 아이디어를 남긴 천재적인 미술가이자 과학자였다.

피렌체의 번영과 건축문화를 가장 대표하는 것이 가능한 한 장엄하고 호화롭게 지었다는 두오모 성당이다. 피렌체의 심벌이자 세계에서 네 번째로 큰 이 성당은 도시의 가장 중심에 위치하고 있을 뿐만 아니라, 왕관처럼 생긴 106미터 높이의 8각형 아치형 돔 Coupola 의 형태가 독특하여 도시의 스카이라인을 지배한다. 성당 파사드의 조각과 그림은 건축물이라기보다는 하나의 미술작품을 보는 듯하다. 성당 내부에는 인류 최초로 공간의 깊

르네상스 시대의 공공예술작품들이 그대로 남아 있는 시뇨리아 광장

시뇨리아 광장의 베키오 궁

시뇨리아 광장의 조각작품

이를 표현하는 원근법을 창안하고 피렌체의 건축물 대부분을 설계한 브루넬레스키 F. Brunelleshi 의 관이 안치되어 있다. 두오모 성당의 돔은 건축가의 이름을 따서 '브루넬레스키 돔' 이라고 부르기도 한다.

두오모와 같이 아름다운 대리석으로 지어진 팔각형의 건축물은 바로 성 조바니에게 바쳐졌다는 세례당이다. 동남북에 3개의 청동문이 있다. 두오모 성당을 보고 있는 동쪽 문은 미켈란젤로가 이름을 붙인 천국의 문이다. 로마네스크 양식의 팔각형 건물로 외벽은 흰 대리석의 줄무늬로 만들어져 있다. 성당 남쪽에 있는 높이 85미터의 지오토 C. Giotto 종탑은 두오모의 건축적 앙상블을 완성시킨다.

조각작품을 보는 듯한 두오모 성당의 파사드

미켈란젤로가 이름 붙인 천국의 문

천국으로 가는 열쇠 모양의 성 베드로 광장

10 영원한 역사 도시 로마 이탈리아

고대 로마제국과 르네상스 시대를 풍미했던 로마에는 포로 로마노, 콜로세움, 판테온신전 등 2700년의 역사유적들이 그대로 보존되어 있다. 가톨릭 교황청이 있는 바티칸Vatican 시국의 성 베드로 성당, 성 베드로 광장, 바티칸 박물관 등의 종교문화적 가치는 어느 것과 비교할 수 없을 만큼 중요하다. 세계적인 예술가들에 의해 만들어진 건축물, 도로, 광장, 분수 등은 인류의 건축 및 도시문화의 역사를 증언하고 있다. 로마는 찬란했던 과거와 다양한 현재가 잘 어우러진 영원한 역사도시이다.

로마가 국가의 형태를 갖추기 시작한 것은 기원전 6세기 말 왕정이 폐지되고 공화정이 시작되면서부터이다. 그 후 공화정에서 제정 帝政 으로 바뀌면서 로마제국의 확장과 함께 도시가 커졌고, 도로·광장·성벽·수로·신전·궁전·개선문·경기장 등이 건설되었다. 그리스의 아고라를 이어받은 광장 forum 들도 이때 만들어졌다. 특히 로마제국시대에 건설된 보도와 차도가 분리되고 가로수까지 심어졌던 도로망과 르네상스 시대 이후에 만들어진 광장과 분수는 영원한 역사도시 로마의 상징이다.

포로 로마노 Foro Romano 는 고대 로마의 정치와 문화의 중심이자 통합과 소통의 장이었다. 광장 주변에는 카페와 레스토랑이 배치되었으며, 가게들의 문과 창문은 공통적으로 광장을 향하여 나있었기 때문이다. 지금은 초석과 일부 기둥만 남아 있지만 과거 위대했던 로마제국의 숨결을 느끼기에는 충분하다. 이곳은 서로마제국이 멸망한 뒤 방치되어 있었지만 19세기부터 발굴작업이 진행되어 당시의 모습을 짐작할 수 있다.

로마제국의 정치와 문화의 중심이었던 포로 로마노

"폐허는 아무것도 없는 곳이 아니라 모든 것이 있었던 한때를 조용히 반추하는 곳이다. 폐허는 사라진 것들의 허무를 생각하는 곳에 그치는 것이 아니라 지금은 사라진 것들이 한때는 빛났다는 것, 지금 빛나는 것들이 언젠가는 소멸할 것임을 함께 생각하게 만드는 성찰의 공간이다"(정여울, 내가 사랑한 유럽 TOP 10 중에서).

로마의 가장 중요한 문화유적인 콜로세움은 서기 80년에 완공된 원형경기장으로, 둘레 527미터, 높이 48.5미터의 4층 건물로 5만 명 가량의 관람객을 동시에 수용할 수 있는 거대한 규모이다. 이 경기장은 맹수와 검투사 혹은 검투사끼리 죽을 때까지 격투를 벌이는 잔인한 경기장이었고, 해상전쟁을 공연할 때에는 물이 가득 차서 인공호수가 되었다고 한다. 2천 년이 지난 지금도 가라앉거나 금간 곳을 거의 찾아볼 수 없어 놀랍다.

콜로세움 바로 옆에 서 있는 건축물이 콘스탄티누스 개선문 Arch of Constantine 이다. 콘스탄티누스 대제가 막센티우스와의 전투에서 전승한 것을 기념하기 위해 312년에 세운 이 개선문은 높이 21미터에 3개의 아치형으로 디자인 되어 있다. 파리의 개선문과 루마니아 부쿠레스티의 개선문을 세울 때에도 로마의 개선문을 참고한 것으로 알려져 있다.

미켈란젤로가 '천사의 설계' 라고 극찬했다는 판테온 Pantheon 신전은 콘크리트 구조에 벽돌을 입힌 원형 평면의 건물로 지름 43.3미터의 반구형半球形 돔 구조로 되어 있다. 돔의 중앙에는 지름 9미터의 천장이 뻥 뚫려 있는데도 건물 내부의 더운 공기가 상승하기 때문에 비가 내려도 건물 안으로 들어오지 않는다. 그리고 천장을 통해 쏟아지는 햇빛이 대리석 바닥을 비추어 신비로운 분위기를 자아낸다. 판테온은 처음에는 로마의 신들을 모시기 위해 만들었지만, 기독교가 공인된 이후 순교자들을 모신 성당이 되었다. 판테온의 내부는 거대한 빈 공간으로 되어 있어 안으로 들어서면 속세로부터 완전히 분리된 느낌이 든다.

로마의 광장이나 중요한 건물 앞에는 반드시 기쁨과 활력을 상징하는 분수가 설치되어 있다. 세계적인 관광명소인 스페인 광장의 한가운데에는 베르니니 L. Bernini 와 그의 아버지가 설계한 바르카치아 분수가 있다. 이

4층 건물로 5만 명 동시수용이 가능한 콜로세움의 내부

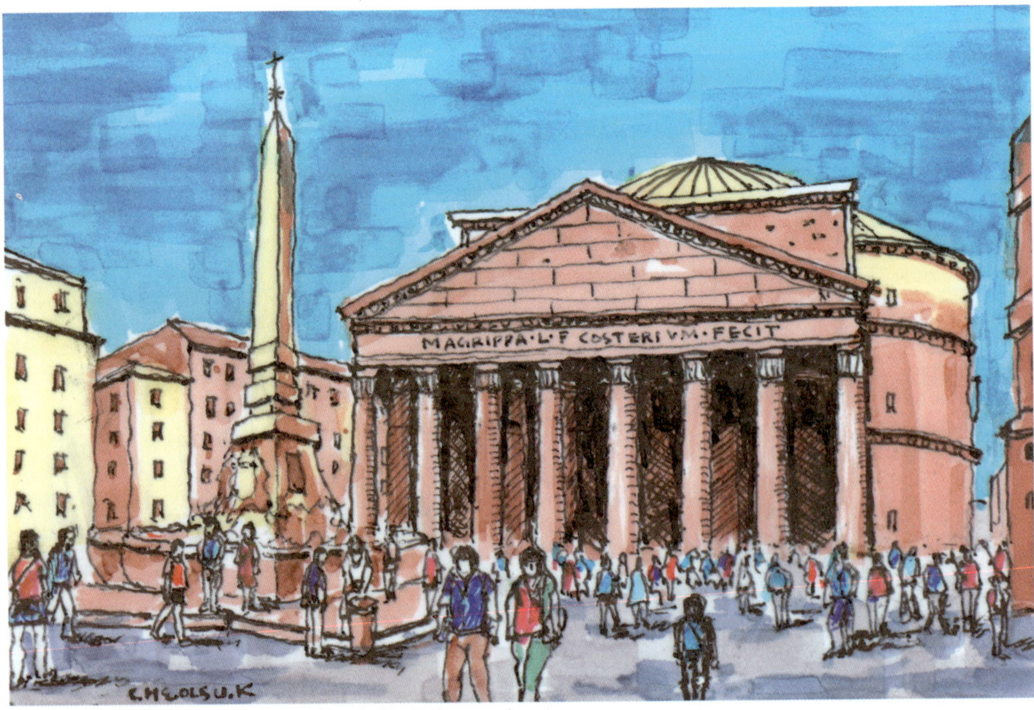

천장이 뚫려 있는데도 비가 들어오지 않는 판테온 신전

오래된 조각배를 상징하는 분수가 있는 스페인 광장

분수는 쓸모없고 오래된 조각배를 뜻한다고 한다. 높은 언덕 위에 위치한 트리니타 데이몬티 Trinita dei Monti 성당과 분수를 연결하는 계단에는 편하게 앉아 휴식하는 사람, 기타 치며 노래하는 사람, 사진 찍는 여행자들로 항상 북적거린다. 도시에서 계단은 자동차로부터 완전하게 해방된 인간친화적 공공공간이기 때문이다. 그러나 스페인 광장이 세계적으로 유명하게 된 것은 1960년대의 유명한 영화 「로마의 휴일」에서 여주인공 오드리 헵번이 아이스크림을 먹으며 계단을 내려오는 장면 때문이다.

로마의 응접실로 불리는 나보나 Navona 광장은 로마시대에는 전차경기장이었다. 17세기에 들어서면서 바로크 양식의 궁전이 세워지고, 베르니니의 걸작 4대 강의 분수와 넵툰의 분수, 무어인의 분수 등 3개의 분수가 만들어지면서 지금의 모습을 갖추었다. 나보나 광장은 밤에 분수에 비치는 여러 색깔의 조명이 아름다워 많은 관광객으로 언제나 활기가 넘친다.

나보나 광장 옆의 미네르바 Minerva 광장에는 코페르니쿠스의 지동설을 옹호했던 갈릴레이에 대한 종교재판이 열렸던 미네르바 성당이 있다. 자신의 신념을 바꿔 화형을 겨우 면하고 법정을 나오면서 갈릴레이가 중얼거렸다는 "그래도 지구는 돈다"는 말이 들리는 듯 하다. 재판 당시 그의 심정을 상상한 후대 소설가가 지어냈다는 이야기가 정설이기는 하지만.....

1762년에 만들어진 트레비 Trevi 분수는 후기 바로크시대의 걸작품으로, 로마에서도 가장 잘 알려진 분수이다. 흰 대리석으로 만들어진 조각작품들 사이로 끊임없이 물이 흘러나와 연못을 이루어 일명 '처녀의 샘'으로 불리기도 한다. 트레비 분수는 세 개의 동전을 오른손으로 쥐어 왼쪽 어깨뒤로 던지면 로마를 다시 찾아올 수 있다는 전설로 유명하다. 이 분수는 믿거나 말거나 한 전설로 하루 평균 3천유로를 거두어 들인다고 한다.

로마의 신화가 담겨 있는 나보나 광장의 분수

재미있는 나보나 광장의 퍼포먼스

동전을 던지면 로마를 다시 찾아올 수 있다는 트레비 분수

광장 중앙에서 보면 네 겹의 열주가 하나로 보이는 성 베드로 광장

바티칸 Vatican 은 면적 0.44평방킬로미터에 인구 약 800명으로 세계에서 가장 작은 나라이지만, 독자적인 군대를 가지고 있고 화폐와 우표도 발행하는 신비한 도시국가이다. 이곳에는 가톨릭 교회의 총본부인 바티칸 교황청을 비롯하여 바티칸 박물관, 시스티나 성당, 성 베드로 성당, 교황 거처 등의 건물들이 들어서 있다. 세계 4대 박물관의 하나로 손꼽히는 바티칸박물관에는 1,400여 개의 방에 고대 그리스부터 중세에 이르기까지 미술사적으로 가치 있는 다양한 회화와 조각작품들이 소장되어 있다. 교황을 선출하는 장소로 유명한 시스티나 성당에 있는 길이 40미터, 폭 20미터 크기의 천장화「천지창조」는 미켈란젤로의 최고 걸작이다.

1506년에 지어진 성 베드로 성당은 거꾸로 매달려 순교한 예수의 수제자 시몬 베드로의 무덤 위에 세워진 건물로 르네상스 건축의 최고 걸작으로 평가된다. 성당 입구에 들어서서 오른쪽으로 보면 미켈란젤로의 작품 중에서 유일하게 서명이 있다는 성모 마리아가 십자가에서 내려진 예수를 무릎에 안고 있는 조각 피에타 Piete 가 눈에 띈다. 성당 앞에는 이탈리아의 거장 베르니니가 디자인한 성 베드로 광장이 있다. 타원형으로 되어 있는 광장 중앙에는 이집트에서 가져온 높이 25.5미터의 오벨리스크가 우뚝 서 있는데, 이곳에서 보면 4열의 열주 colonade 가 하나처럼 보인다. 그러나 엄청나게 크고 화려한 바티칸 건설비용을 충당하기 위해 면죄부를 팔게 되었고 이러한 부패는 종교개혁의 원인이 되었다.

세계의 다른 대도시와는 달리 로마에는 건설공사로 인한 귀중한 문화재 훼손 우려 때문에 지하철을 만들지 않았다. 또한 도심에 있는 낡고 변색된 건물이라도 관청의 허가 없이 주인 마음대로 헐거나 개조할 수 없다. 그래서 로마는 고색창연한 고대도시이면서도 화려한 르네상스 시대의 건축예술과 현대도시의 공간문화 숨결을 동시에 느낄 수 있는 영원한 역사문화도시의 공간적 분위기를 잘 유지하고 있다.

아크로폴리스에서 본 아테네의 시가지

11 시민문화의 발원 도시 아테네 그리스

그리스의 오랜 수도 아테네는 이미 기원전 8세기에 인간중심의 도시문명을 꽃피웠으며, 시민문화의 상징인 아고라, 원형극장, 신전 등 역사적 흔적을 그대로 간직하고 있다. 미국의 문명비평가 루이스 멈포드 L. Mumford 는 시민들의 참정권을 무엇보다 중요한 도시의 성립 요건으로 보고, 도시의 역사를 기원전 3000년경의 메소포타미아문명으로 보지 않고 고대 그리스문명으로 보았다. 아테네는 소크라테스와 플라톤에 의해 세계에서 대학 Academia 이 처음 설립된 도시, 올림픽이 처음 개최된 역사도시이다.

아테네는 기원전 800년경에 작은 도시국가 polis 로 출발하였다. 도시 남쪽에 위치하고 있는 아크로폴리스는 구릉 위에 형성된 종교적인 중심지로, 신전이 세워져 있는 성역과 도시국가의 요새 역할을 했던 곳이다. 아크로폴리스는 파르테논 신전, 에렉테이온 신전 등으로 이루어져 있다.

유네스코 세계문화유산 제1호인 파르테논 Parthenon 신전은 기원전 5세기경에 완성되었다. 신전은 높이 10미터의 46개 기둥으로 지어졌으며, 기둥과 지붕의 구조 등이 조형적으로 가장 아름답다는 황금비율(1:1.618)이 적용되었다. 또한 보는 사람의 시각적 안정감을 위해 각 기둥의 굵기와 간격을 다르게 하는 등 건축적 기술과 예술적 감각이 어우러진 인류 최고의 걸작 중 하나로 손꼽힌다. 파르테논 신전은 비잔틴제국이 통치할 때는 동방정교, 십자군전쟁 후에는 가톨릭 성당, 오스만투르크가 지배할 때는 모스크로 이용되는 등 시대에 따라 건물용도가 바뀌는 기구한 운명을 겪었다.

세계문화유산 제1호로 등재되어 있는 파르테논 신전

고대 그리스의 모든 도시국가는 아고라 agora 라는 광장을 갖추고 있었다. 아고라는 시장·정치집회·시민토론·사교·문화행사를 위한 공간으로 이용되었다. 원래 '사람이 모이는 곳' 이나 '사람들의 모임' 을 뜻하는 아고라는 지금은 거의 폐허가 되다시피해서 주춧돌 정도가 남아 있다. 그렇지만 아고라 광장은 당시 철학이 실천된 장소이자 인류 최초로 직접민주주의를 꽃피운 도시의 공공적인 공간이었다.

아타로스 주랑박물관에는 아고라에서 발견된 유물들이 전시되어 있다. 박물관에서 가장 눈에 띄는 것은 바로 민주정치 발전의 밑거름이 되었던 도편추방제 Ostrakismos 의 도편들이다. 도편추방제란 독재할 가능성이 있는 사람의 이름을 도자기 파편조각에 써서 6천 표 이상이 되면 10년 동안 정치에서 추방시키는 제도이다. 이 제도 때문에 아테네는 독재정치 출현을 방지할 수 있었다. 이미 2500여 년 전에 민중의 뜻이 그대로 반영되는 민주주의가 아테네에서 펼쳐진 것이다.

고대 아테네의 정치 · 문화 활동의 중심광장 아고라

그리스 문화의 꽃 디오니소스 원형 극장

그리스 문화는 시민들의 희극과 비극을 공연하는 야외극장에서 꽃을 피웠다. 아크로폴리스 남쪽에는 연극예술의 발상지로 유명한 디오니소스 Dionysos 극장이 남아 있다. 이 원형극장에서는 매년 디오니소스 페스티벌(술의 축제)을 열어 신에 대한 찬가가 불려지고 춤을 추었다. 지금도 연극이나 오페라, 콘서트 등 야외공연이 성황리에 열리고 있다.

아테네는 올림픽의 도시이다. 오늘날 세계인의 축제인 올림픽은 기원전 776년 고대 그리스에서 시작되었다. 4년에 한 번씩 열렸던 이 경기는 시민권이 있고 범법행위를 한 적이 없는 남자만 참가할 수 있었다. 모든 선수들이 벌거벗고 뛰어서인지 여성들은 관전조차 금지되었다고 한다. 당시 올림픽에서는 운동선수뿐만 아니라 시인, 철학자, 예술가 등도 참여하여 기량을 겨루었다고 한다. 세계에서 유일하게 대리석으로만 축조된 이 경기장의 또 하나의 특징은 말발굽 형태로 되어 있다는 것이다.

세계에서 유일하게 대리석으로 만들어진 아테네의 근대 올림픽 스타디움

아테네는 세계에서 대학이 처음 생긴 교육도시이다. 오늘날 학문 연구와 교수 활동이 이루어지는 교육기관을 의미하는 대학의 뿌리를 고대 그리스의 아카데미아 Academia 에서 찾기 때문이다. 아카데미아는 기원전 6세기에 소크라테스와 플라톤의 제자였던 이소크라테스에 의해 아테네의 북서쪽에 위치한 아카데모 숲에 세워졌다. 아카데미아는 1855년에 재건되어 지금은 아테네 학술원으로 사용되고 있다. 입구 왼편에는 소크라테스의 동상이 서있고, 오른편에는 플라톤의 동상이 세워져 있다.

소크라테스는 "너 자신을 알라", "악법도 법이다" 등 유명한 어록을 남긴 최고의 철학자였지만 독약을 받고 죽었다. 그의 죄목은 '30세 이하의 사람에게 가르치지 말라' 는 법을 어겼기 때문이라고 한다.

고대 아테네의 중심이 파르테논 신전이 있는 아크로폴리스였다면, 오늘날 아테네의 중심은 독립전쟁 때 희생된 무명용사들의 묘가 있는 신타그마 광장 Syntagma Square 부근의 플라카 지구이다. 이곳은 아주 오래된 나지막

왼편에 소크라테스, 오른편에 플라톤의 동상이 서 있는 아테네 학술원

한 집들이 그대로 보존되어 있고, 각종 민예품 가게들과 노천카페, 레스토랑이 늘어서 있는 전통적 분위기의 장소이다. 시정부가 구시가지의 높은 건물을 제한하고 새로운 건축을 불허함으로써 옛 모습을 그대로 간직한 채 실내공간의 리모델링만 허용하기 때문이다. 아테네 시에서는 문화정책이 워낙 중요하기 때문에 시장은 반드시 역사와 문화를 전공한 전문가이어야 한다고 한다.

인류의 시민문화는 그리스의 아테네에서 시작되었다. 그러나 오늘날 그리스는 국가의 재정사정이 어려워 수많은 세계적 문화재를 복원하지 못한 채 방치되고 있다. 도시의 문화유산을 온전하게 보전하기 위해서는 국가의 경제력과 시민의 노력이 중요함을 새삼 느낀다.

파인 피크에서 바라 본 이스탄불의 구시가지 모습

12 동서문화의 교차 도시 이스탄불 터키

터키의 이스탄불은 세계에서 유일하게 아시아와 유럽 두 대륙을 양분하는 보스포루스 해협에 면해 있다. 역사학자 토인비가 이스탄불을 "인류문명이 살아 있는 거대한 옥외 박물관"이라고 말했듯이, 고대 오리엔트 문명에서부터 그리스·로마제국·비잔틴제국·오스만트루크제국이 이룩한 5천년 역사의 문화유산이 그대로 보존되어 있다. 동양과 서양이 교차하는 곳에 위치하고 있는 이스탄불은 다양한 피부색의 민족들과 여러 종교가 조화롭게 살아가는 화해와 융합의 도시이다.

이스탄불은 그리스인들이 처음 이주하기 시작한 기원전 7세기부터 도시역사가 시작되었다. 이스탄불은 보스포루스 해협을 통하여 흑해와 마르마라 해를 통할 수 있는 지정학적 중요성 때문에 여러 민족의 각축장이었다. 이에 따라 도시의 이름도 그리스의 식민도시 비잔티움에서 로마제국 시대에는 콘스탄티노플로 바뀌었고, 오스만투르크제국 이후 이스탄불로 불리우고 있다. 그래서 이스탄불은 두 제국의 국교였던 기독교(그리스 정교) 문화와 이슬람 문화가 복합되어 있다.

현재 로마제국 시대의 유적으로 남아 있는 것은 히포드롬 Hippodrum 광장이다. 326년에 확장 건설된 히포드롬은 동서 480미터, 남북 120미터 크기의 전차경기장으로 당시 콘스탄티노플 시민들의 문화·오락의 중심지였다. 그러나 옛 모습은 모두 사라지고 이집트에서 가져온 오벨리스크만 남아 있다. 또 보스포루스 해안에서는 당시 콘스탄티누스 황제에 의해 축조되었던 성벽의 모습을 볼 수 있다.

이스탄불에는 성 소피아 성당과 블루 모스크가 있다. 원래 성 소피아 Hagia Sophia 성당은 비잔틴제국의 황제 유스티아누스가 537년 당시 콘스탄티노플에 세운 동방의 돔건축기술을 조합한 것이 특징으로 지름 33미터, 높이 56미터의 돔으로 디자인되었다. 그러나 1453년 오스만투르크제국의 술탄 마호메트 2세에 의해 교회가 모스크로 바뀌게 됨에 따라 비잔틴의 화려한 모자이크 성화가 이슬람교도에 의해 회벽칠로 덮이는 수모를 겪었다. 현재는 박물관으로 지정되어 있는 이 성당은 기독교와 이슬람교가 공존하는 특이한 역사의 현장으로 남아 있다. 그러나 터키 정부의 관리 소홀로 기울어진 기둥과 훼손된 성화들이 그대로 보여지고 있다. 그래도 비잔틴 문화의 꽃 소피아는 여전히 눈부시게 아름답다.

성 소피아 성당의 맞은편에 위치하고 있는 블루 모스크 Blue Mosque 는 건물 내부 벽면의 타일색이 푸른빛을 띠고 있어서 붙여진 명칭으로, 1616년 아흐메드 1세에 의해 지어졌다. 이스탄불에서 가장 높은 지역에 위치해 있고, 지름 23.5미터의 장대한 돔과 오스만제국 건축의 특징인 가늘고 뾰족한

기독교 건축문화와 이슬람 건축문화가 공존하는 성 소피아 성당

오스만제국 석조건축의 우수성을 대변하는 블루 모스크

첨탑 minaret 으로 이루어져 있어 어느 곳에서나 잘 바라보인다. 특히 블루 모스크는 세계에서 유일하게 6개의 첨탑을 가지고 있어 터키 석조건물의 우수성을 대변하는 대표적인 건물이다. 그런데 두 건물이 더욱 아름답게 보이는 것은 주위에 대규모 원형 분수광장과 쾌적한 보행공간이 조성되어 있기 때문이다. 소피아 성당과 블루 모스크에는 계절에 관계없이 전 세계에서 찾아온 수많은 여행자들로 북적거린다.

보스포루스 해협이 내려다 보이는 언덕 위에는 15세기부터 19세기까지 오스만투르크제국의 지배자 술탄들이 거주했던 오스만 건축양식의 톱카프 Topkapi 궁전이 자리잡고 있다. 3개의 관문을 통해 궁전 안으로 들어가면 당시의 화려했던 의복·보석·시계·무기 등이 전시되어 있는 박물관과 후궁들의 거처, 식당 등이 남아 있다. 특히 번성했던 오스만투르크 시대의 영토였던 유럽, 중동, 아프리카지역을 그려놓은 세계지도가 눈에 띈다. 당시 톱카프 궁전에는 관료, 시종 등 5만 명이 거주했었다고 한다.

'가득 채워진 정원' 이라는 의미를 지닌 돌마바흐체 궁전 Dolmabahce Palace 은 오스만투르크제국의 술탄 압둘 마지드가 1856년에 보스포루스 바다를 메워 프랑스의 베르사유 궁전을 본떠 만든 것이다. 흰색 대리석으로 되어 있어 짙고 푸른 바다의 색과 산뜻하게 대조를 이루고 있는 4층 건물에는 285개의 방, 43개의 연회장, 36개의 샹들리에가 있으며, 600여 점의 그림이 걸려 있다. 궁전 안에는 156개의 시계가 있는데, 모든 시계는 국민들이 존경했던 터키공화국의 초대 대통령 무스타파 케말 Mustafa Kemal 이 죽은 시각인 9시5분에 멈춰져 있다.

돌마바흐체 궁전 앞의 선착장에서 유람선을 타면, 두 개의 보스포루스 해협으로 나가 동·서양을 잇는 두 개의 다리를 차례로 지나 되돌아오는 유람선 여행을 즐길 수 있다. 보스포루스 대교는 1973년에 개통된 사장교 형식의 다리로 유럽과 아시아를 처음으로 연결했던 교량이다. 길이는 1,074미터로 생각보다 그렇게 길지는 않다.

동·서양의 무역루트였던 실크로드의 서쪽 맨 끝에 위치한 이스탄불은

프랑스 베르사유 궁전을 본떠 만든 돌마바흐체 궁전의 입구 정원

중세 동서양 무역의 거점이었던 그랜드 바자르

8~9세기 이후 현재까지도 동·서양 무역의 거점이다. 이러한 배경으로 발전해온 시장이 바로 터키어로 '지붕이 있는 시장'이라는 뜻을 가진 그랜드 바자르 Grand Bazaar이다. 주로 손으로 직접 만든 대리석이나 크리스털 조각품, 고전풍의 장신구 인형 등 터키가 자랑하는 특산물을 판매하는 전통시장인 그랜드 바자르는 내부에 3,000여 개, 외부에 2,000여 개의 점포가 활성화되어 있어서 시민들의 생생한 삶의 현장을 맛볼 수 있다.

이스탄불은 매년 6~7월에 개최되는 국제문화예술제가 매우 유명하다. 이 예술제는 대부분 탁심 Taksim 광장 옆의 아타튀르크 Atatürk 문화회관에서 열린다. 클래식 음악과 오페라·발레·영화·콘서트·전시회·국제회의 등 다양한 이벤트도 이곳에서 개최된다. 탁심광장에는 아주 오래된 시내전차 tram 가 운행되고 있어 역사문화도시의 정취를 더해준다.

이스탄불은 밤문화를 즐길 수 있는 다양한 유흥시설을 갖춘 도시이다. 나이트클럽에서 식사를 하면서 벨리댄스를 감상하고 카지노게임을 즐길 수 있다. 프랑스 요리, 이탈리아 요리, 중국 요리와 함께 세계 4대 요리로 손꼽히는 터키의 전통요리도 맛볼 수 있다.

보스포루스 해협을 중심으로 이스탄불 동쪽의 아시아대륙은 거주지역으로 발전하였고, 서쪽의 유럽대륙은 상업과 위락 중심지역으로 발전하였다. 그러나 두 지역을 연결하는 교량이 2개소에 불과하여 출퇴근 시간에는 도로의 교통체증이 심각하다. 그럼에도 불구하고 이스탄불 시정부는 곳곳에 산재한 역사문화유적을 훼손하면서까지 도로를 확장할 계획은 하지 않고, 시민들도 이를 긍정적으로 받아들이고 있다고 한다.

이스탄불 시민들은 역사적 자산을 간직하기 위해 불편한 생활을 감수하고 있다. 이러한 노력을 보면서 과거 급속한 도시화 과정을 거치면서 효율적 개발이라는 명분으로 수많은 문화유산이 사라지고 훼손된 우리의 도시 모습이 참으로 안타깝다는 생각을 지울 수 없다.

중세의 도시모습을 그대로 간직하고 있는 두브로브니크 고성

13 숨겨진 지상낙원 두브로브니크 크로아티아

크로아티아 남쪽 끝에 있는 두브로브니크는 인구 약 5,000명이 살고 있는 중세 성벽도시이다. 해안의 험한 지형을 이용하여 성벽을 쌓아 마치 물 위에 떠 있는 도시 같은 이곳은 1979년 세계문화유산으로 지정되었다. 이는 유고내전 당시 유럽의 지성인들이 인간방어벽을 만들어 폭격을 못하게 했기 때문이라고 한다. 두브로브니크는 영국의 문학가 버나드 쇼 G. B. Shaw 가 "진정한 낙원을 원한다면 두브로브니크로 가라"라는 말을 남겼을 정도로 경치가 아름다워 유럽 사람들이 가장 동경하는 최고의 휴양도시이다.

두브로브니크는 7세기에 형성되어 이탈리아 베네치아 공화국의 지배를 받았으며, 13세기에는 현재의 철옹성 같은 성벽이 축조되었다. 아주 좁은 성문을 들어서면 시민들의 식수원이었던 16면체로 만들어진 오노프리오 **Onofrio** 샘과 만나게 된다. 도시의 중심축인 길이 292미터의 스트라둔 거리에는 하얀 대리석이 깔려 있는데, 매년 1,000만 명이 넘는 관광객으로 인해 바닥이 맨질맨질하게 닳았다.

스트라둔 거리에는 1317년 세계 최초로 문을 연 약국이 있고, 거리의 끝자락에는 고딕양식의 독특한 창문을 가진 스폰자 궁 **Sponza Palace** 과 시계탑이 우뚝 서 있다. 그 옆에는 고딕과 르네상스 건축양식이 혼합된 렉터 궁전 **Rector's Palace** 이 있다. 궁전 내부의 벽면에 쓰여 있는 당시 국정의 신조로 삼았다는 '사(私)는 가볍게, 공(公)은 신중하게' 라는 문구가 매우 인상적이다.

건물들 사이로 형성된 거리와 광장에서는 언제나 크로아티아의 민속음악, 연극, 고전 등 다양한 문화공연과 축제가 열리고 있다. 여행자들은 커피나 맥주를 마시면서 중세도시의 인간적인 분위기를 만끽할 수 있다.

아주 좁은 두브로브니크의 성문

두브로브니크 성 입구에서 기념품을 파는 여인

중세 두브로브니크의 정치중심이었던 렉터 궁전

슬픈 역사가 담겨 있는 붉은색 지붕의 건물들

두브로브니크 고성은 길이가 1,940미터에 불과하기 때문에 한 시간 정도면 성벽 위를 걸어서 일주하는 체험이 가능하다. 성벽 위에 오르면 온통 붉은색 지붕의 건물들이 매우 인상적이다. 그런데 여기에는 가슴 아픈 역사가 담겨 있다. 원래의 지붕은 노란색과 붉은색 계통이었지만, 1991년 유고 내전 때 세르비아의 폭격으로 시가지 대부분이 파괴되어 유네스코의 도움으로 복원되었는데, 이를 복구하는 과정에서 슬픈 과거를 기억하기 위하여 모든 건물의 지붕색을 빨간색으로 통일시켰다고 한다.

유럽 대부분의 중세 고성들이 유적으로 보호되어 있는 것과는 달리 두브로브니크 성의 내부에는 주민들과 여행객이 자유롭게 이용할 수 있는 15개의 크고 작은 성당이 있으며, 상점, 과일시장, 정육점, 이발소 등이 영업을 하고 있다. 아주 좁은 계단식 골목으로 연결되는 일반 주택에 빨래가 널려 있는 풍경이 매우 자연스럽다. 이 도시의 매력 포인트는 화려하고 질서 있는 건물이 아니라 소박하고 무질서하면서도 저마다의 옛 이야기를 만들어 내고 있는 골목과 주택들이다. 선착장에서 유람선을 타면 해변에서 나체로 일광욕을 즐기는 젊은 남자들도 쉽게 볼 수 있다.

두브로브니크에서 가장 인상 깊은 풍경은 1,200여 개의 섬으로 이루어진 아드리아해로 지는 붉게 타는 석양과 야경이다. 곡선의 해변을 수놓은 듯한 조명과 대형 크루즈 선박의 불빛으로 찬란한 두브로브니크의 밤풍경을 감상하면서 마신 와인맛과 로맨틱한 분위기는 평생 잊지 못할 아름다운 추억을 남겨준다.

1950년부터 시작된 두브로브니크의 여름축제는 매년 7~8월에 열리는 가장 전통 있는 유럽의 문화축제 가운데 하나이다. 야외극장을 포함해 33개의 무대에서 크로아티아의 특색있는 전통음악, 연극 등 예술공연들이 펼쳐져, 유럽의 많은 관광객들이 오직 이 축제를 즐기기 위해 이곳에 온다고 한다. 역시 축제는 사람들의 마음을 어린애처럼 들뜨게 한다.

류블랴나성과 구시가지 모습

14 사랑스러운 도시 류블랴나 슬로베니아

슬로베니아의 수도 류블랴나는 지리적으로 뮌헨·빈·베네치아 등 유럽의 주요 도시를 직접 연결하는 관문 성격이 강하여 오래 전부터 '류블랴나 게이트'로 불렸다. '작은 프라하'라고 불릴 만큼 중세도시의 건축과 공간문화의 흔적이 고스란히 남아 있다. 질서 있고 넓은 도로가 아니며 유명한 건축가가 지은 집은 아니지만 평범한 집들이 나름대로의 멋과 개성이 있다. 류블랴나는 거리에 수많은 공공미술작품이 설치되어 있고 대학생들이 많아 사랑스러운 분위기를 자아내는 젊고 로맨틱한 도시이다.

유럽 중세도시의 대부분이 그러하듯이 옛 시가지의 언덕 위에는 류블랴나 성이 자리잡고 있다. 성을 오르는 좁은 골목길 양측에는 노후된 건축물들이 불안감을 안겨준다. 그러나 류블랴나 성 위에서 아래로 내려다보는 도시경관은 매우 아담하고 평화로운 분위기이다.

류블랴나는 17세기에 이탈리아 문화의 영향을 받아 건축과 예술 분야에 바로크 양식이 도입되었고, 음악학교 아카데미아가 세워졌다. 1895년에는 대지진이 발생하여 도시의 대부분이 크게 파괴되었다. 하지만 당시 도시의 재건에 참여한 오스트리아 건축가들이 지은 프란체스코 성당 등 새로운 건축양식이 옛날의 바로크 양식과 조화를 잘 이루어 오늘날 류블랴나의 아름답고 다양한 도시경관을 연출하고 있다.

도심의 프레세렌 광장에는 슬로베니아의 문학에 큰 영향을 미친 시인 프레세렌 France Preseren 의 동상이 세워져 있다. 그가 바라보고 있는 건너

바로크 건축양식의 류블랴나 중심시가지 모습

편 건물에는 작은 여자의 얼굴조각이 있다. 프레세렌이 이루지 못한 사랑 율리아 프리미츠의 얼굴이다. 죽은 뒤에라도 안타까운 사랑을 이루라는 뜻으로 프레세렌의 동상이 율리아의 집을 바라보도록 세워졌다고 한다.

오늘날 류블랴나의 이미지를 형성하는 데 가장 큰 영향을 끼친 사람은 20세기초 건축가 플레츠니크 Joze Plecnik 이다. 그래서 이 도시는 때때로 '플레츠니크의 류블랴나' 라고 불리기도 한다. 그의 대표적인 작품이 다리 세 개가 모여 있는 세 쌍의 다리 Triple Bridge 이다. 이 다리는 시청앞 광장으로 이어지며 항상 관광객과 시민들로 북적댄다.

류블랴나는 슬로베니아어로 '사랑스러운' 을 뜻하며 이름처럼 상당히 인간친화적인 도시규모를 갖고 있다. 인구는 30만 명에도 못미치지만 도시문화가 시민생활 자체에 녹아 있어 분위기는 활기가 넘친다. 류블랴나는 유

바로크 건축양식의 류블랴나 시청사

평생 사랑했던 여인의 집을 바라보고 있는 시인 프레세렌 동상

다리 세 개가 모여 있는 세 쌍의 다리

럽의 다른 나라에 비해 높은 문화수준으로 인해 박물관 15개소, 미술관 45개소, 극장 11개소를 가지고 있다. 또한 대학생이 많아 '지식의 도시'로 불린다. 류블랴나대학에만 5만 명의 대학생이 재학중이다. 특히 세 개의 예술대학이 있어서 다양한 문화행사와 예술공연을 쉽게 접할 수 있다.

류블랴나는 유네스코에 의해 '2010년 책의 도시 World Book Capital City 2010'로 선정될 만큼 책과 인연이 깊다. 2001년 이래로 슬로베니아에서는 매년 약 4천 종의 도서가 출판되고 있는데, 이는 인구당 출판도서의 비율로는 세계에서 핀란드와 아이슬란드 다음으로 높은 수준이다. 도로와 광장에 펼쳐 놓은 노점책방이 과연 책의 도시임을 실감하게 한다.

류블랴나는 유럽연합에서 실시하는 CIVITAS City-Vitality Sustainability 프로젝트 실험도시로 선정되어 있다. 이 사업에는 교통혼잡의 완화, 대중교통수단의 장려, 기후변화에 대응하는 녹색교통정책의 시행 등이 포함되어 있어 이 도시가 친환경도시를 지향하고 있음을 알 수 있다.

베르헤기 언덕에서 본 부다페스트 시가지 전경

15 다뉴브강의 진주 부다페스트 헝가리

헝가리의 수도 부다페스트는 다뉴브강의 연안에 위치하고 있다. 이 도시 이름은 다뉴브강 서쪽의 언덕으로 이루어진 부다 Buda 와 동쪽의 평지로 이루어진 페스트 Pest 가 합쳐진 것이다. 부다페스트는 한 때 합스부르크 왕가가 지배했던 곳으로, 당시의 아름다웠던 역사적 자취들이 간직되어 있어 '다뉴브강의 진주' 또는 '동유럽의 파리' 라고 불린다. 부다페스트는 부다 지역에서는 고풍스러운 구시가지 경관을, 페스트 지역에서는 현대적인 신시가지 경관을 동시에 느껴볼 수 있는 두 얼굴을 가진 도시이다.

부다페스트는 중세부터 가톨릭 세력과 이슬람 세력이 충돌하는 위치였기 때문에 수많은 전쟁에 시달렸다. 13세기 말 부다지역에는 왕궁을 만들고 주변에 성벽을 축조하였다. 1867년 오스트리아-헝가리 이중제국의 결성은 부다와 페스트지역에 안정적 발전의 기반을 제공하였다. 그때 유럽에서 최초로 지하철이 건설되고, 부다페스트의 샹젤리제로 불리는 안드라시 거리 Andrassy Street 가 만들어졌으며, 오페라 하우스도 건축되었다.

제2차 세계대전 때 독일군에 점령당한 부다페스트는 연합국의 융단폭격으로 엄청난 피해를 입는 등 지난 1000여 년 동안 936회에 걸쳐 외세의 침략과 전쟁을 경험했다. 그럼에도 불구하고 부다페스트는 1987년 부다지역의 왕궁과 페스트지역의 국회의사당 등이 세계문화유산으로 등록될 정도로 역사유적을 잘 보존하고 있다.

부다페스트를 전망하기에 좋은 베르헤기 언덕에서는 고딕 건축양식의 부다 왕궁과 마차슈 성당, 어부의 요새를 볼 수 있다. 13세기에 지어진 부다

부다페스트의 역사를 상징하는 고딕 건축양식의 부다 왕궁

지붕 형태가 아름다워 역대 왕들의 대관식이 거행된
마차슈 성당과 이슈트반 1세 기마상

동화책 속에 나오는 고깔모자처럼 뾰족한 어부의 요새 지붕

왕궁은 국회의사당과 함께 부다페스트의 역사를 상징하는 건축물로, 현재 역사박물관과 국립미술관으로 사용되고 있다. 왕궁 앞에는 바이올린과 첼로를 연주하는 아마추어 음악가들의 공연을 쉽게 구경할 수 있다.

부다 왕궁과 비슷한 시기에 지어진 마차슈 성당 Mátyás Templom 은 빈의 슈테판 성당과 비슷하게 지붕의 형태와 색채가 아름다워 역대 왕들의 대관식이 거행되기도 한 곳이다. 성당 앞에는 헝가리의 기독교 발전에 힘쓴 이슈트반 1세의 기마상이 있다. 이 성당과 어부의 요새 사이의 좁은 길목에는 항상 수많은 여행자들과 행상인들로 북새통을 이룬다.

다뉴브강 연안에 위치하고 있는 어부의 요새 Halaszbastya 는 헝가리 건국 1000년을 기념하여 1902년에 완성된 네오 로마네스크 양식의 건축물이다. 건국 당시의 마자르족 일곱 부족을 상징하는 7개의 탑이 고깔모자처럼 뾰족하고 모양이 독특하여 마치 동화책에 나오는 그림을 보는 것 같다. 어

헝가리의 역대 왕과 영웅들의 이름이 새겨져 있는 영웅광장

부의 요새라는 이름은 19세기에 적들을 물리치기 위해 다뉴브강의 어부들이 성의 보초를 섰던 것에서 유래한 것이라고 한다. 여기에서는 다뉴브강 건너 페스트 지역의 현대도시 모습이 한눈에 들어온다.

왕궁이 있는 베르헤기 언덕과 더불어 아름다운 시가지 전체의 경관을 감상할 수 있는 곳이 도나우 강변에 있는 겔레르트 Gellért-hegy 언덕이다. 정상에는 19세기에 만든 치타렐라 요새가 있다. 이곳에 오르면 부다페스트의 파노라믹한 경관이 펼쳐진다. 특히 밤에는 아름다운 건물과 다리, 유유히 떠다니는 유람선이 연출해내는 야경이 환상적이다.

영웅광장 Heroes Square 은 헝가리 건국 1000주년을 기념하기 위해 1896년에 만들어졌다. 광장 중앙에는 36미터 높이의 탑이 있다. 꼭대기에는 가브리엘 천사의 조각상이 있고, 이 탑을 기준으로 반원형태의 열주가 대칭으로 세워져 있다. 이곳은 헝가리의 역대 왕과 영웅들의 이름이 연대순으로 조각되어 있어 주요 국가행사 때 헌화하는 엄숙한 장소이다.

다뉴브강 강변에 있는 네오고딕 양식의 거대한 건물이 런던의 국회의사당에 이어 유럽에서 두 번째로 큰 국회의사당이다. 1902년에 지어진 건물의 벽에는 역대 국왕과 역사적 인물의 동상이 세워져 있다. 길이 268미터, 높이 96미터로 대규모인 이 건물은 다뉴브강의 유람선에서 시원한 강바람을 느끼며 야경을 감상할 때 그 가치가 더욱 빛나 보인다.

다뉴브강에는 총 8개의 교량이 있다. 이 가운데서 가장 아름다운 것이 높이 202미터에 길이 375미터인 세체니다리 Szechenyi Lanchid 이다. 19세기 초까지 부다와 페스트는 다뉴브강을 중심으로 완전히 나누어져 있었는데, 세체니 백작의 제안으로 1849년에 두 지역을 잇는 교량이 처음으로 만들어지게 되었다. 일명 사슬다리라고 불리기도 하는 이 다리 앞에는 혀가 없는 것으로 유명한 사자조각상이 있고, 야간조명이 특히 화려하다. 부다페스트는 언덕·강·교량·건축물이 절묘한 조화를 이루고 있어, 신·자연·인간이 만들어낸 최고의 걸작품이라는 찬사를 받고 있다. 그러나 구시가지의 교통사정은 자동차, 전차, 자전거 등이 뒤섞여 있어 매우 혼잡하다.

세계의 여행자들이 부다페스트를 찾는 또 하나의 이유는 온천 때문이다. 부다페스트의 온천은 수영장과 함께 있는 온천장, 호텔과 함께 있는 호텔온천장, 남녀로 나누어진 온천장 등 종류가 다양하다. 재미있는 것은 로마온천, 터키온천처럼 과거 이 도시를 지배했던 여러 민족들의 독특한 전통 온천문화를 직접 체험해볼 수 있다는 점이다.

부다페스트는 헝가리가 2004년 유럽연합 EU 에 가입하면서 국제도시로 발전하고 있다. 최근 시정부에서는 도심의 기능을 활성화하고 관광객을 유치하기 위하여 호텔, 레스토랑, 상가, 명품거리 조성을 위한 민간투자를 적극 유도하고 있다. 그리고 구시가지에는 역사문화유산을 복원하고 보행자 전용공간을 확대하고 있다. 부다페스트는 머지 않아 '다뉴브강의 진주' 라는 옛 명성에 걸맞는 관광문화도시로 발전할 것으로 기대된다.

음악예술의 도시 빈의 중심시가지 모습

16 음악예술의 도시 빈 오스트리아

오스트리아의 수도 빈은 매년 3천만 명 이상의 여행자가 찾아오는 세계적인 예술도시이다. 빈은 르네상스 이후 유럽의 패권을 누렸던 합스부르크 왕조의 오랜 수도였기 때문에 쉔브룬 궁전을 비롯하여 성당, 광장, 공원 등 역사문화유적이 남아 있다. 빈의 진면목은 음악에 있다. 베토벤, 모차르트, 슈베르트, 요한 슈트라우스와 같은 음악의 별들이 탄생했거나 활약했기 때문이다. 빈은 여름에는 아름다운 왈츠를, 겨울에는 수준 높은 오페라를, 그리고 노천에서 비엔나 커피를 즐길 수 있는 매력 넘치는 도시이다.

빈은 16세기 후반 합스부르크 왕조의 수도가 되면서 번창하였다. 18세기 초 도시 외곽에 원형의 성벽을 쌓았으나 1850년대에 옛 성벽이 철거되고, 그 자리에 새로운 환상도로 **Ring Strasse** 가 건설되었다. 이 링 슈트라세의 중심에는 오스트리아의 어머니 마리아 테레지아의 동상(광장)이 서있고, 그녀를 중심으로 하여 영웅광장, 미술사박물관, 콰르테뮤지엄 등이 있다. 그래서 수많은 여행자들이 이 광장에서 예술의 도시 빈을 만끽한다.

구시가지에 우뚝 솟아 있는 슈테판 대성당 **Stephansdom** 은 합스부르크 왕가의 카를 6세가 고딕양식으로 건축한 것이다. 높이가 137미터인 종탑 안에는 무게가 21톤이나 되는 큰 종이 걸려 있으며, 지붕형태의 디자인이 아주 독특하다. '빈의 혼' 으로 불리는 슈테판 성당은 모차르트의 결혼식과 장례식이 치러진 것으로도 유명하다.

모차르트의 결혼식과 장례식에 치러진 것으로 유명한 슈테판 대성당

슈테판 대성당에서 오페라 극장까지 이어지는 케른트너 거리 Karntener Strasse 는 빈에서 가장 번화한 쇼핑거리이다. 곳곳에서 무명의 거리악사가 요한 슈트라우스의 왈츠곡을 연주하기도 하고, 허름한 옷차림의 성악가가 높은 수준으로 아베마리아를 열창하는 모습을 보면, 빈은 역시 음악이 시민 생활 속으로 흐르는 예술도시임을 다시 한번 실감하게 된다.

유럽에서 가장 호화로운 로코코양식의 쉔브룬 Schönbrunn 궁전은 한 때 유럽을 호령했던 합스부르크 왕가의 여름궁전이다. 베르사유 궁전과 필적할 만큼 큰 규모와 화려함을 자랑하는 이 궁전은 1700년에 완성되었다. 궁전의 내부는 인도풍·중국풍·일본풍으로 다양하게 장식되어 있으며, 자기·칠기·가구·그림으로 가득 채워져 있다. 합스부르크의 진정한 백미 白眉 는 마리아 테레지아 광장과 쉔브룬 궁정이다.

유럽 최고의 화려한 예술문화를 자랑하는 오스트리아에서도 가장 유명한 미술관은 벨베데레 Belvedere 궁전이다. 이 궁전은 17세기 후반과 18세기에 오스트리아제국의 군인으로 활약한 사보이의 왕자 오이겐의 여름궁전이었다. 지금은 19~20세기 미술작품전시관으로 사용되고 있다. 이 미술관의 그림 가운데 가장 주목받는 것은 구스타프 클림트 Gustav Klimt 와 에곤

근대 유럽을 호령했던 합스부르크 왕가의 쉔브룬 궁전

클림트의 작품 「키스」가 전시되어 있는 벨베데레 궁전

바이올린을 켜는 요한 슈트라우스의 황금 동상

황홀한 입맞춤을 나누는 클림트의 「키스」

쉴레 Egon Schiele 의 작품들이다. 두 남녀가 무릎을 꿇은 채 황홀한 입맞춤을 나누는 클림트의 작품 「키스」보다 더 에로틱하고 아름다운 그림은 다른 작품에서 찾아보기 어렵다. 클림트와 쉴레는 19세기말 빈을 세계의 문화예술 중심도시로 끌어 올렸다.

빈은 도시면적의 절반 이상이 숲, 초원, 공원 등 오픈 스페이스로 이루어져 있다. 특히 도심에 위치한 시민공원 stadt park 에서는 500석 규모의 13인조 오케스트라 왈츠 콘서트가 열린다. 이 콘서트는 공연이라기보다는 여행자들과 함께 즐기는 파티형식으로, 중간의 쉬는 시간에 샴페인이나 음료수를 마시면서 한 시간 반 동안 수준 높은 음악을 감상하면서 흥겹게 시간을 보낼 수 있다. 시민공원에서는 요한 슈트라우스가 바이올린을 켜는 모습의 황금동상을 볼 수 있다. 빈에서는 각종 공연과 이벤트가 일년 내내 끊이지 않는다. 그중에서도 1498년부터 역사를 이어온 빈 소년합창단은 고운 음색으로 전 세계인을 매료시키고 있다.

빈에는 음악도시답게 베토벤, 슈베르트, 브람스, 요한 슈트라우스 등 유명 음악가들이 묻혀 있는 묘지 그린징 빌리지 Grinzing village 가 있다. 생전에 별로 빛을 보지 못했던 슈베르트는 "죽어서라도 베토벤의 옆에 묻히겠다"고 유언하여, 결국 베토벤 왼쪽에 묻혀 있다. 베토벤은 죽을 때 "인생은 희곡이고, 희곡은 끝났다"라는 말을 남긴 것으로도 유명하다.

바로셀로나에 가우디가 있다면, 빈에는 훈데르트바써 F. Hundertwasser 가 있다. 환경운동가이자 건축가인 훈데르트바써가 디자인한 훈데르트바써 하우스는 가우디와 마찬가지로 기하학적인 직선을 거부하고 자연친화적인 곡선을 추구한 작품이다. 이 건물은 다양한 색채의 벽면과 자연스럽게 조성된 옥상정원 roof garden 이 유명하다. 그는 르 코르뷔지에의 영향으로 기능주의적 건축사조가 판을 치고 있을 때 직선의 본질을 비판하면서 곡선적인 건축을 옹호하였다.

인공적인 직선은 무신론적이며 비도덕적이다.
착한 자연의 곡선을 회복하지 않으면 인간문명의 미래는 없다.

실험적인 건축가 훈데르트바써가 디자인한 친환경 건축물 훈데르트바써 하우스

오스트리아는 전 국토의 3/4이 산악지역이기 때문에 지하공간 개발에 있어서 세계 최고의 기술을 자랑한다. 그래서 빈에는 지하철망(U-Bahn)이 잘 발달되어 있다. 오스트리아 정부는 비무장지대에 땅굴을 판 북한에게 장비와 기술을 제공한 사실을 우리 정부에 슬며시 알려주었다고 한다.

조화와 평화를 도시개발의 키워드로 삼고 있는 빈은 찬란한 귀족문화와 우중충한 서민문화를 똑같이 자랑스럽게 내보인다. 그러나 한편으로 상반된 도시의 공간문화는 옛날과 오늘날의 시대적 대립으로 이해되기도 한다. 빈은 최근 외곽의 신시가지 개발에서 대두되고 있는 현대적 건설기술의 요구를 기존 구시가지의 전통적 패러다임과 어떻게 융합·조화시키느냐가 앞으로 도시공간의 관리와 건축 디자인에 있어서 가장 중요한 과제가 될 것으로 보인다.

체코의 숨겨진 보물 체스키 크룸로프

17 보헤미아의 역사 도시 체스키 크룸로프 체코

프라하에서 남서쪽으로 약 200킬로미터 거리에 있는 체스키 크룸로프는 작은 프라하라고 불리는 인구 2만 명이 채 안 되는, 차라리 큰 마을이라 해도 좋을 만큼 조그만 도시이다. 중세의 성, 건물, 다리, 광장 등 역사적 유적들이 그대로 보존되어 있는 체스키 크룸로프는 성 위에서 내려다 보면 한폭의 풍경화같다. 보헤미아의 역사가 살아 있는 유럽의 변방이지만, 골목과 건물이 세계의 어느 곳보다 아기자기하고 아름다운 체스키 크룸로프는 도시 전체가 유네스코 세계문화유산으로 등재되어 있는 '체코의 숨겨진 보물'이다.

체스키 크룸로프의 역사는 1250년경 비텍 Vitek 백작이 아름다운 풍경에 반해서 블타바강이 내려다보이는 산 위에 성을 축조하면서부터 시작되었다. 그후 교회와 수도원, 학교 등을 세우고 수공업과 상공업 등을 일으키면서 16세기에는 크게 번영했다.

이 도시를 방문하는 사람이면 누구나 중세 요새의 모습이 그대로 남아 있는 통과도로 gate way 를 지나 주먹돌로 포장되어 있는 좁고 구불구불한 골목길을 걸으면서 중세로 돌아가는 시간여행을 하게 된다. 특히 우리나라 안동의 하회마을처럼 한 바퀴를 돌아 흐르는 블타바 강변의 카페에서 한가롭게 시간을 즐기는 사람들의 모습은 다른 곳에서 보기 힘든 풍경이다.

체코의 역사에서 중요한 장소였던 체스키 크룸로프의 붉은 문 Red Gate 을 지나 도시 안으로 들어가면 성이 나온다. 성의 내부에는 당시 사용했던 공

구시가지의 관문 역할을 하는 클라드 브리지

붉은색 지붕이 아름다운 체스키 크룸로프 성

옛 이발소 다리와 성 비스트 교회

체스키 크룸로프의 랜드마크 성 조스트 교회

예품과 그림 등 유물들이 전시되어 있다. 성 위에서 내려다 보이는 성당의 첨탑과 붉은지붕의 아기자기한 도시모습은 동화 속의 그림처럼 아름답다.

제브니카 다리를 건너면 이 도시의 랜드마크 역할을 하는 성 조스트 교회 St. Jost Church 가 있다. 하얀색의 4각형 건물에 돔 형태의 지붕을 씌운 이 교회는 지금은 마요네트 박물관, 상점, 레스토랑으로 이용되고 있다.

도시의 중심에는 사각형의 조그만 스보르노스티 Svornosti 광장이 있다. 중앙에는 분수대가 있고, 한쪽에는 18세기 초에 페스트의 종식을 기념하여 만든 탑이 세워져 있다. 광장 주변에는 시청, 레스토랑, 카페, 기념품가게, 화랑 등이 자리잡고 있다. 시청이라해야 우리나라의 주민센터보다도 작지만 여행자들을 위한 각종 자료를 충분히 제공하고 있다. 운이 좋으면 중세의 복장을 한 검투사들이 전투를 재현하는 광경도 볼 수 있다.

스보르노스티 광장에서 중세 검투사들이 전투를 재현하는 모습

인간의 척도 Human Scale 에 맞추어 만들어진 주먹돌로 포장된 작은 골목길, 빨간색 지붕의 주택들, 각종 기념품 판매점과 레스토랑을 보면 왠지 마음이 편해지는 유럽 중세도시의 매력에 푹 빠지지 않을 수 없다.

체스키 크룸로프 여행에서 빼놓을 수 없는 곳이 바로 에곤실레아트센터 Egon Schiele Art Center 이다. 실레의 작품은 유럽 곳곳에서 만나볼 수 있지만, 특히 이곳은 그의 일생의 기록과 작품을 한군데 모아 놓은 곳으로 유명하기 때문이다. 어린 소녀를 많이 그려서 빗나간 에로티시즘의 화가라는 비판을 받기도 한 에곤 실레는 19세기 말 오스트리아에서 태어나 빈에서 그림공부를 하였다. 그는 부인이 사망한 3일 후 28세로 요절했지만, 죽을 때까지 이 도시의 모습을 캔버스에 가장 많이 담은 화가이다.

도시는 작지만 역사문화자원을 잘 보존하여 세계적인 관광도시로 발전한 체스키 크룸로프를 보면서, 20세기 말 유럽공동체 EC 가 공표한 "도시의 질은 그 자체가 자원임과 동시에 경제적 번영에 공헌한다. 21세기는 도시투어리즘이 도시공헌의 요소가 된다. 도시투어리즘을 위해서는 도시의 매력을 증진시켜야 한다."는 도시선언의 의미를 다시 한번 생각하게 된다.

유럽의 건축박물관이라 불리는 프라하의 시가지 전경

18 황금의 도시 프라하 체코

체코의 수도 프라하는 오스트리아의 빈, 헝가리의 부다페스트와 더불어 유럽의 3대 아름다운 도시의 하나로 손꼽힌다. 독일의 괴테가 '황금의 도시'라고 극찬했다는 프라하는 수세기 동안 이루어진 건축의 독창성과 다양성으로 인해 유럽건축의 박물관이라 불리고 있다. 유럽의 여러 도시가 2차 세계대전 중에 크게 파괴되었지만, 프라하는 구시가지의 거리와 건축물들이 고스란히 남아 있다. 특히 중세의 거리, 궁전, 다리, 광장 등 유서깊은 장소에서 수준 높은 공연문화를 쉽게 즐길 수 있다는 것도 프라하의 매력이다.

프라하는 9세기에 성이 축조되고 10세기부터 체코의 제후들과 왕이 거처하던 곳이다. 16세기 이후에는 합스부르크 왕가 궁전의 일부였으며, 19세기 오스트리아 - 헝가리제국에서 경제적으로 가장 번영한 지역이었다. 프라하는 1989년 소련 사회주의체제의 붕괴와 1996년 슬로바키아의 분리·독립에 따른 변화를 겪었고, 최근들어 세계적인 관광도시라는 새로운 자리매김을 통해 급속한 발전을 거듭하고 있다. 그래서 프라하의 도시경관은 구시가지와 신시가지의 분위기가 아주 대조적이다.

블타바 Vltava 강의 왼쪽 언덕에 위치한 프라하 성은 9세기에 요새로 만들어졌다. 길이 570미터, 폭 128미터로 현존하는 고성으로는 세계에서 가장 규모가 커 기네스북에 올라 있다. 1918년 체코가 공화국이 되면서 대통령 관저로 사용되었다가 지금은 대통령집무실로 사용되고 있다. 근위병들의 교대식이 볼 만하다. 대통령궁 입구의 왼쪽에는 체코를 상징하는 독수리상이 있고, 오른쪽에는 오스트리아를 상징하는 사자상이 인상적이다.

현존하는 고성으로는 세계에서 가장 큰 빨간색 지붕의 프라하 성

근위병들의 교대식이 볼 만한 대통령 집무실

프라하 성 앞의 계단 위에 서면 유유히 흐르는 블타바강과 빨간색 건물 지붕의 시가지 전체를 한눈으로 내려다볼 수 있다. 그런데 프라하의 아름다움을 상징하는 빨간색 지붕이 원상태로 보존되어 있는 것은, 2차 세계대전 당시 민간인 거주지역이 연합군의 폭격을 피할 수 있도록 지붕의 색을 빨간색으로 통일하여 표시했기 때문이라고 한다. 구시가지의 대부분은 유네스코 세계문화유산으로 등재되어 있다.

대통령궁의 정원을 지나면 춤추는 무희들의 성으로 불릴 만큼 아름답다는 성당인 성 비투스 대성당 St. Vitus Cathedral 이 있다. 1344년 처음 지을 때에는 프랑스 고딕양식으로 건축되었으나, 공사 도중에 최초의 건축가가 죽게 되자 건물 모양이 후기 고딕양식으로 바뀌었다. 그후 르네상스와 바로크 양식의 장식물이 첨가되면서 건물의 동쪽 절반은 고딕양식이고, 서쪽 부분은 르네상스와 네오고딕양식으로 지어졌다.

프라하에서 가장 아름다운 성 비투스 대성당

단편소설 「변신」의 작가 카프카가 살던 황금소로

대통령궁과 성 비투스 성당을 지나면 황금소로 Golden Lane 로 이어진다. 황금소로는 중세에 연금술사들이 살던 동네이다. 알록달록하고 아담한 집은 허리를 굽혀야 겨우 들어갈 수 있을 정도로 작고 비좁은 통로로 연결되는 건물 내부에는 당시 사용했던 그릇, 갑옷, 무기, 장신구 등의 유물전시장과 기념품 가게가 있다.

황금소로를 지나면서 관광객들이 특히 관심 있게 보는 곳은 단편소설 「변신」, 「성」, 「심판」 등의 작가로 유명한 카프카 Franz Kafka 가 태어난 파란벽돌의 건물인데 지금은 서점으로 이용되고 있다. 그는 부유한 유대인 집안에서 태어나 폐결핵으로 41세에 생을 마감할 때까지 짧은 국외 여행기간을 제외하면 잠시도 이 도시를 떠나지 않았다. 이곳은 오늘날까지 카프카를 추종하는 고독한 지성인들에게 성지 역할을 하고 있다고 한다.

세계의 여행자들로 활기넘치는 구시가지 모습

매일 정오 시계쇼를 하는 오를로이 시계탑

프라하를 대표하는 명소 중 하나인 카를교 Charles Bridge 는 동유럽에서 가장 오래된 석교의 하나이다. 1406년에 완성된 이 교량의 구조형식은 아치형으로 폭 10미터, 길이 520미터의 보행자전용 다리이다. 교량의 양 옆에는 성서 속의 인물과 체코의 성인 등 30명의 조각상이 세워져 있다. 카를교는 프라하 성으로 가는 사람, 기타를 치며 노래 부르는 사람, 그림을 파는 사람, 퍼포먼스를 보여주는 사람들이 낭만적인 분위기를 만들어낸다. 해가 지고 다리 위로 어둠이 내리면 유럽의 3대 야경으로 꼽히는 프라하 성과 블타바 강을 노니는 유람선들이 만들어내는 밤의 경치가 정말 환상적이다.

구시가지 중심에는 광장을 둘러싸고 구 시청사와 틴 성당이 있다. 지금은 관광용으로 용도가 바뀐 구 시청사는 1338년에 전통 고딕양식으로 지어졌다. 매일 정각이 되면 탑 바깥쪽에 설치된 세계에서 가장 오래된 천문시계 오를로이 Orloj 시계탑 아래로 많은 관광객이 모여든다. 불과 20초 정도 진행되는 시계쇼를 보기 위해서이다. 초침이 정각을 알리면 죽음을 상징하는 해골인형이 움직이며 종을 치고, 두 개의 창문에서는 예수의 12사도가

바츨라프 광장의 자동차 조각작품과 국립자연사박물관

등장한다. 허영을 상징하는 자, 거울을 보는 자, 돈지갑을 움켜진 유대인, 음악을 연주하는 터키인도 등장하여 죽음 앞에서 이 모든 것이 쓸데없다는 인생의 중요한 교훈을 던져준다. 구시청사의 맞은편에 위치하고 있는 틴 Tynn 성당은 하늘을 찌를 듯한 80미터 높이의 쌍둥이 첨탑이 인상적이다. 초기 고딕양식으로 외관은 화려하지만 내부는 음울한 분위기다.

드보르작 A. Dvorák 의 고향 프라하는 세계에서 가장 위대한 음악도시들 중 하나이다. 그래서인지 거리악사들의 연주실력도 수준급이다. 매년 5월에 개최되는 프라하의 봄축제는 유럽에서 열리는 비슷한 페스티벌 중에서도 가장 으뜸에 속한다. 이 축제의 하이라이트 중 하나가 바로 성 비투스 대성당에서 진행되는 모차르트의 진혼곡 Requiem 이라고 한다.

바츨라프 광장 Wenceslas Square 은 사실 광장이라기보다는 길이 680미터, 폭 60미터의 넓은 광로이다. 이 광장의 시작점은 남쪽의 네오르네상스 양식의 국립박물관이다. 10세기경의 바츨라프 국왕의 이름에서 따온 이 광장은 체코 민주화의 상징인 1968년 '프라하의 봄' 이 일어났던 역사의 현장이자, 1990년 노동자 출신 대통령 바웬사가 체코의 민주화를 선포한 의미 있는 장소이다. 바츨라프 광장에서 시각적으로 종점 visual terminal 을 이루는 돔형식의 건축물은 체코에서 가장 오래된 국립자연사박물관이다.

바츨라프 광장 근처에는 캐나다의 건축가 프랭크 게리가 설계한 춤추는 빌딩 Dancing Building 이 있다. 이 건물은 네덜란드의 보험회사 건물로 1996년 미국 타임지에 의해 최고의 건축작품으로 선정되었다. 그러나 이 건물은 주변지역의 분위기와 어울리지 않은 파격적인 디자인 때문에 보수주의자들의 신랄한 비판을 받았다.

매년 1억 명이상의 여행자들이 방문하는 유럽 관광의 메카로 급부상하고 있는 프라하 미래의 모습은 결국 다양한 형태로 변화될 것이다. 유네스코 세계문화유산으로 등재되어 있는 구시가지는 천 년의 역사를 지닌 중세도시의 모습으로 보존될 것이며, 이를 에워싸고 있는 신시가지는 현대도시의 모습을 갖추어 나가게 될 것으로 전망된다.

파격적인 디자인으로 찬사와 비판을 동시에 받는 춤추는 빌딩

동·서 화합을 상징하는 베를린의 시가지 전경

19 관용과 통합의 도시 베를린 독일

베를린은 1990년 독일이 통일된 이후 인구 350만 명의 대도시로 크게 성장하여, 런던·파리·모스크바 등과 함께 유럽의 중심도시로 새롭게 탄생하였다. 1991년에는 통일 독일의 수도로 결정되면서 과거 동서 냉전을 상징하던 도시에서 동서 화합을 상징하는 도시로 변모하였다. 동·서독을 분단시켰던 베를린 장벽이 지금은 철거되었지만, 아직도 분단의 아픔을 안고 있는 우리나라 사람들은 한 번 가볼만하다. 통일 이후 동베를린 지역은 과거의 경제와 문화를 되살리기 위한 도시재생 프로젝트가 활발히 진행되고 있다.

새끼곰이라는 뜻을 지닌 베를린은 12세기부터 도시로 발전하였다. 19세기 말에는 베를린대학이 당시 최고의 명성을 얻음으로써 독일의 학문과 예술의 중심이 되었고, 프로이센제국의 수도가 되었다. 1920년대에는 런던·뉴욕·파리에 이어 세계에서 네 번째로 큰 도시가 되었지만, 제2차 세계대전 때 연합군의 폭격으로 시가지의 2/3가 파괴되었다. 종전 후 동·서독으로 분단됨에 따라 침체기를 보냈으나, 1990년 통일 이후 동·서 베를린을 아우르는 통합적 도시재생사업이 활발히 추진되고 있다.

베를린의 가장 중요한 도시발전축인 운터 덴 린덴 Unter den Linden 거리는 프로이센의 권력, 독일제국의 영광, 냉전시대의 분할, 그리고 독일 재통일 등 베를린의 역사를 상징하는 브란덴부르크 게이트에서 끝난다. 브란덴부르크 게이트는 프로이센제국의 전승을 기념하고, 수도 베를린의 번영을 상징하기 위해 1791년에 세워진 것이다.

승리의 여신 빅토리아가 네 마리의 말이 끄는 전차를 타고 달리는 동상이 있는 브란덴부르크 게이트

이른 아침부터 시민들의 발길이 이어지는 독일 연방의회 의사당

브란덴부르크 북쪽으로는 독일연방의회 의사당이 있다. 19세기 후반에 지어진 원래의 건물은 나치 극우주의자에 의해 불탔으며, 1999년 영국의 노먼 포스터 N. Foster의 설계에 의해 재건축된 것이다. 그는 원래 건물의 둥근 지붕이 있던 자리에 민주주의의 투명성을 상징하기 위해 유리와 알루미늄으로 만든 돔을 덮었다. 돔의 내부에 설치된 나선형 계단을 올라가면 의원들이 활동하는 모습을 볼 수 있도록 디자인하였다.

독일은 제2차 세계대전에 패하면서 연합국들에 의해 동·서독이 완전히 분할되자 동독에서 서독으로 넘어오는 사람들이 날로 늘어나게 되었다. 1961년 동독 정부는 동·서베를린 사이에 길이 약 40킬로미터의 콘크리트 장벽을 쌓았다. 이 장벽은 전세계의 동·서 냉전의 상징이었다. 그후 동·서독이 통일됨에 따라 1990년 7월 일부만 기념물로 남겨놓고 장벽이 철거되었는데, 무너진 장벽의 벽돌은 매우 비싼 값으로 여러 나라의 사람들에게 팔려 나갔다고 한다.

베를린 장벽 철거를 재현하는 퍼포먼스

동 · 서 냉전의 상징이었던 베를린 장벽

폐허화된 카이저 빌헬름교회

베를린의 구 도심인 쿠담 Kudamm 거리에는 형체만 겨우 알아볼 수 있을 정도로 폐허화된 카이저 빌헬름 기념교회가 눈에 띈다. 1890년대에 지어진 이 건물은 113미터 높이에 2,000석이 넘는 예배당이었지만, 제2차 세계대전 때 연합군의 공격으로 처참하게 파괴되었다. 그후 새로운 교회건물을 지었지만 부서진 건물은 복원하지 않고 폐허된 모습을 그대로 남겨 놓았다. 후세들에게 전쟁의 참혹함을 생생하게 알리기 위해서였다.

슈프레강으로 둘러싸인 섬에는 여러 시대의 문명을 볼 수 있는 5개소의 박물관이 자리잡고 있는데, 그중에서도 페르가몬 박물관 Pergamon Museum 이 유명하다. 헬레니즘 시대에 번영했던 왕국 페르가몬에 있던 제단을 1878년 베를린 박물관팀이 발굴 · 복원하여 통째로 옮겨왔기 때문이다.

베를린의 새로운 업무중심으로 다시 태어난 포츠담 광장지구

통합적 도시개발의 성공 사례로 손꼽히는 소니센터 빌딩과 옥외 광장

베를린은 동성애자들의 천국이다. 전체 시민의 10퍼센트인 35만 명이 동성애자라는 것은 베를린이 타도시에 비해 이들에게 비교적 관대하다는 것을 말해 준다. 놀렌도르프 광장 Nollendorf platz 주변은 동성애자들이 즐겨 찾는 레스토랑, 바, 카바레들이 모여 있는 카페거리로 유명하다.

1919년 건축가 발터 그로피우스 W. Gropius 는 바이마르에 예술 및 건축 교육을 목적으로 하는 바우하우스 BAUHAUS 를 설립하여, 건축·회화·조각·공예와 생산기술을 통합하는 조형예술 분야의 새로운 패러다임을 탄생시켰다. 중세시대의 공방 工房 과 근대의 디자인 개념을 융합시킨 바우하우스의 이념과 교육철학은 오늘의 건축과 산업디자인 발전에 크게 기여하였다. 특히 1925년부터 간행된 14권의 「바우하우스 총서」는 새로운 디자인 사고의 형성에도 기여한 것으로 평가받고 있다.

1990년 독일이 통일되면서 수도가 본에서 베를린으로 옮겨 오게 되자 시정부는 옛 동·서독의 접경지역에 위치한 포츠담광장 Potsdamer Platz 지구에 도시재생사업을 추진하였다. 독일 다임러 벤츠와 일본 소니의 합작법인은 베를린 장벽이 관통한 유서 깊은 포츠담 지역을 베를린의 새로운 국제 비즈니스 중심지로 변화시켰다. 포츠담 광장에는 아주 넓은 녹지공간을 포함하여 다양한 공공영역을 만들었다. 그러나 부동산 투기자본이 만든 건축공간은 공공성과 개방성이 결여되었다는 비난을 받고 있다.

베를린은 통일 이후 도시의 슬로건인 '변화하는 도시 City of Change'에 걸맞게 다양한 도시재생 프로젝트를 추진하고 있다. 특히 최근에는 도시 및 건축공간에서 공공영역을 확대하고, 곳곳에 산재해 있던 역사의 기억들을 되살리는 노력을 통해 게르만민족의 새로운 시대정신과 건축문화의 혼을 담은 정체성 있는 도시로 다시 태어나고 있다. 이것은 넓게 보면 관용과 통합의 정신을 바탕으로 공생의 역사를 만들어 온 유럽의 전통이 공간적으로 발현되고 있는 것으로 이해할 수 있다.

하이델베르크 성에서 바라 본 시가지 모습

20 철학과 품격의 도시 하이델베르크 독일

하이델베르크는 독일에서 대학이 가장 먼저 설립된 학문의 도시이다. '신성한 산'이라는 뜻을 가진 하이델베르크는 고색창연한 중세 고성을 배경으로 하는 붉은색 지붕의 도시경관이 너무 아름답다. 특히 오색 단풍으로 물든 가을 풍경은 캘린더에도 자주 등장할 정도로 매력적이다. 세계적인 철학자 헤겔·야스퍼스와 음악가 슈만이 활동했고, 독일의 대문호 괴테가 여덟 번이나 방문한 하이델베르크는 지금도 그들의 숨결이 살아 있다. 그리고 독일인들이 뽑은 '가장 아름다운 도시'로 선정될 만큼 품격과 낭만을 동시에 갖추고 있다.

13세기 초에 축조된 원래의 하이델베르크 성은 현재의 성보다 더 높은 산허리에 위치해 있었다. 그후 이곳은 황제를 선출하는 자격을 가진 선제후 選帝侯 의 성으로 이용되면서 점차 확장됨에 따라 고딕·르네상스·바로크 등 다양한 건축양식이 혼용되어 있는 것이 특징이다. 이 성의 지하에는 약 5만 8천 갤런 규모의 거대한 술통 Tun 이 있다.

현재의 성은 1537년의 낙뢰와 17세기의 30년 전쟁 등 갖가지 수난을 거치면서 파괴된 모습을 고스란히 간직하고 있다. 제2차 세계대전 때에는 연합군의 폭격을 받을 위기도 있었으나, 아름다운 역사유적을 보전하기 위해 폭격이 취소되었다. 성내의 정원에는 독일의 괴테가 유부녀 빌레머 부인을 사랑하는 심정을 고백한 시집 속의 한 귀절이 비석에 새겨져 있다.

여기에서 나는 사랑을 하고
그리하여 사랑을 받으며 행복하였노라

다양한 건축양식이 혼용되어 있는 하이델베르크 성

도시의 주요 활동축은 동쪽의 시청 앞 칼스 광장에서 시작되어 서쪽의 비스마르크 광장으로 이어지는 보행자전용도로인 하우프트 거리 Haupt Strasse 이다. 시청 주변에는 성령교회, 기사의 집, 선제후박물관 등 역사적 건물이 자리잡고 있다. 조그만한 칼스 광장 Karls platz 중앙에는 분수대와 벤치가 설치되어 있다. 하우프트 거리에는 인테리어가 아주 깔끔하고 예쁜 갤러리·레스토랑·기념품가게들이 늘어서 있어 질서 있고 품격 높은 하이델베르크의 도시 분위기가 물씬 느껴진다.

비스마르크 광장 옆에 독특한 형태의 지붕과 시계탑을 가진 성령교회에는 중세의 제후 가운데 가장 높은 지위로 인정되며 황제를 선출하는 자격을 가졌던 선제후들의 유해가 안치되어 있다. 선제후박물관 Kurpfälzisches Museum 에는 15~17세기 귀족들의 생활을 엿볼 수 있는 생활용품과 미술작품이 전시되어 있다. 이곳에는 1907년에 발견된 50만년 전의 원시인 '하이델베르크인' 의 턱뼈가 전시되어 있다.

세계에서 두 번째로 1386년에 개교한 하이델베르크대학은 학생감옥이

하우프트 거리의 시작점인 하이델베르크 시청과 칼스광장

유명하다. 중세의 유럽대학은 치외법권지역이어서 학생은 죄를 지어도 처벌할 수 없게되자 학생감옥이 만들어졌고, 죄질에 따라 1~30일 동안 빵과 물만 먹도록 하였다. 그러나 학생들은 술과 음식을 몰래 들여와 밤에는 파티를 즐겼고, 나중에는 일부러 죄를 지어 감옥에 들어갔다고 한다.

네카르강을 가로지르는 육중한 돌로 축조된 카를 테오도르 다리 Karl Theodor Brucke 는 하이델베르크의 랜드마크이다. 뾰족한 원추형 지붕을 가진 게이트가 인상적인 다리 입구에는 원숭이 동상이 있다. 머리를 만지면 더 똑똑해진다는 전설 때문에 원숭이의 머리가 반들반들하다.

네카르강 산기슭에 있는 산책로는 변증법으로 유명한 헤겔을 비롯한 야스퍼스, 하이데거 등 여러 철학자들이 산책하며 명상에 잠기고 영감을 얻었다는 것에 유래된 철학자의 길 Philoso Phenweg 이다. 이곳을 걷다보면 철학에 문외한인 사람이라도 깊은 사색에 잠기게 된다.

원추형 지붕이 인상적인 카를 테오도르 다리 입구 게이트

길의 도시 스트라스부르의 구시가지 모습

21 유럽의 교차로 스트라스부르 프랑스

스트라스부르 Strasbrough 는 '길의 도시'라는 의미를 갖고 있듯이, 예로부터 파리를 비롯하여 여러 도시를 연결하는 유럽의 교통중심도시였다. 프랑스 알자스 주의 수도이기도 한 스트라스부르는 역사문화도시이자 환경생태도시로 유명하다. 15세기에 지어진 노트르담 대성당과 알자스 지방 특유의 건물과 역사가 보존되어 있어 유네스코 세계문화유산으로 등재되어 있다. 프랑스와 독일의 국경에 인접해 있어 두 나라의 도시문화가 공존하고 있다. 알퐁스 도데의 소설 「마지막 수업」을 통해 우리에게 잘 알려진 도시이기도 하다.

스트라스부르의 기원은 로마시대로 거슬러 올라간다. 이 도시는 프랑스와 독일이 국경을 맞대고 있어서 프랑스 영토였다가 독일 영토였다가를 반복해온 아픈 역사를 가지고 있다. 그래서 지금은 프랑스 땅이지만 도시의 건축물과 간판, 음식 등에서 독일의 분위기를 쉽게 찾을 수 있다. 그리고 이처럼 몇 차례의 전쟁을 치루었음에도 노트르담 대성당을 비롯하여 많은 역사적 건축물들이 도처에 남아 있다. 운하 근처의 작은 프랑스 Petite France 지역에는 17~18세기에 건축된 알자스 지방의 목재로 외장을 한 전통 민가들이 집단을 이루고 있다.

1962년에는 유럽연합 EU 의 입법기관인 유럽의회와 관련 행정기관들이 다수 입지하고 있다. 그래서 스트라스부르 사람들은 이 도시를 '유럽의 교차로' 또는 '유럽의 정치 수도' 라고 부르기도 한다.

도시 한가운데에는 11~15세기에 세워진 고딕 양식의 노트르담 대성당이 우뚝 솟아 있어서 주요한 랜드마크 역할을 하고 있다. 그 주변지역은 붉은 사암으로 지어진 옛 건축물들이 좁은 골목길로 연결되어 있고, 운하가 도심 깊숙이 들어와 주변경관과 조화를 이루며 중세도시의 분위기를 연출하고 있다. 스트라스부르는 거리를 나서면 구텐베르크, 칼뱅, 괴테, 나폴레

지붕 형태가 독특한 고딕 건축양식의 노트르담 대성당

알자스 지방의 전통민가로 형성되어 있는 작은 프랑스 지역

옹, 파스퇴르, 슈바이처 등 역사적으로 유명한 인물들의 자취를 쉽게 만날 수 있어 더욱 감동이 느껴진다. 구텐베르크 광장에는 이 도시에서 활동하면서 서양에서는 처음으로 금속활자와 인쇄술을 발명하여 세계최초로 독일어 성경책을 펴낸 구텐베르크의 동상이 서 있다.

1990년대 이후 스트라스부르의 도시발전 기본방향은 전통과 현대, 인간과 기계가 적절히 조화를 이루는 도시공간을 만드는 것이었다. 이에 따라 첨단장치를 갖춘 경전철 LRT 을 건설하고 도심과 가까운 곳에는 버스·승용차·경전철을 위한 환승주차장을 배치하였다. 한편, 경전철의 종점이나 외곽지역에서는 마을버스와 자전거가 연계되도록 하였다. 그리고 도심지역에서는 역사적 매력을 유지하면서 도심을 활성화시키기 위하여 4개의 환상도로를 만들어 통과교통을 배제하고 보행자전용구역을 대폭 확대하여 안전하고 쾌적한 보행환경을 조성하였다.

스트라스부르는 친환경 교통수단의 하나인 트램 tram 이 도시의 작은 골목까지 이곳 저곳을 거미줄처럼 이어준다. 트램은 자동차처럼 공기오염이 없고 차체가 흔들리지 않기 때문에 트램 안에서 책을 읽어도 눈이 피로를 덜 느껴진다. 그리고 굳이 멀리 가지 않더라도 기차와 비슷한 편안함과 낭만을 느낄 수 있어 여행자들에게도 매우 편안한 교통수단이다.

스트라스부르의 TGV기차역은 옛 건물 위에 유리돔을 얹었기 때문에 기차역 안으로 들어가면 1883년 당시의 모습을 그대로 만나볼 수 있다. 스트라스부르 사람들은 오랜 역사와 전통을 지키면서 시대상황의 변화에 적극 적응함으로써 지속가능한 친환경도시로 발전시켜 나가고 있다.

▶스트라스부르 중심광장의 주변모습
▶▶편안함과 낭만을 주는 친환경 교통수단 트램

▶유리 돔이 얹혀 있는 TGV 기차역 광장의 새벽 모습

에펠탑의 도시 파리 중심시가지 전경

22 영원한 예술 도시 파리 프랑스

파리는 그 이름만으로도 자유와 예술을 상상하게 하는 세계적인 역사문화관광 도시이다. 에펠탑과 개선문, 고딕 건축양식을 대표하는 노트르담 사원, 바로크양식의 궁전과 극장, 콩코르드 광장을 비롯한 수많은 광장이 있으며, 낭만이 넘치는 센강이 흐른다. 그리고 세계 3대 미술관의 하나인 루브르 박물관을 비롯하여 샹젤리제 거리, 공원, 동상, 노천 카페들이 시내 곳곳에 자리잡고 있다. 세계의 첨단 패션을 선도하는 유명 브랜드의 화려한 옷차림의 여행자들이 파리를 더욱 멋진 도시로 만든다. 그래서 파리는 영원한 예술도시이다.

파리는 기원전 3세기경 켈트족이 센강의 중간 부분인 시테 Cité 섬에 정착하면서 역사가 시작되었다. 1804년에는 나폴레옹이 왕위에 오르면서 전성기를 맞이하였다. 1850년대에는 당시 파리의 시장이었던 오스만 남작이 주도한 파리재건계획으로 인해 도시의 공간구조에 엄청난 변화를 가져왔다. 시가지 면적의 약 40퍼센트가 헐렸고, 넓은 장식광로, 아름다운 공공건물, 위생적인 상하수도시설도 그때 건설되었다.

파리는 유럽 바로크시대의 도시계획과 건축을 대표하는 기념비적인 도시이다. '황제의 축 Royal Axis' 이라고 불리는 샹젤리제 거리, 루브르 궁전(박물관), 콩코르드 광장, 개선문, 노트르담 사원, 그리고 에펠탑은 프랑스의 심벌이자 파리의 가장 확실한 랜드마크이다.

파리가 센강이 없었다면 오늘날과 같이 유명한 도시가 되지 못했을 것이다. 센강에서 다리는 대학·미술관·광장 등 도시주요시설에 진입하는 관문이자 사람들이 만나고 소통하는 장소이기 때문이다. 강의 폭은 100~200미터 정도지만, 37개 다리들의 다양한 디자인의 교각들은 파리의 예술과 궤적을 같이 하고 있다. 대부분의 다리는 세계문화유산에 등재되어 있다. 특히 '예술의 다리' 라는 별칭이 붙은 퐁 데 자르 Pont de arts 다리 위에는 거리의 화가와 음악가들이 몰려들고 난간에는 그림을 그리는 아마추어 예술가들이 눈에 띈다. 강 주변에는 녹음이 우거진 산책로와 에펠탑, 노트르담 사원, 오르세 미술관 등 매력 있는 공간들이 있기 때문에 센강은 세계의 젊은 여행자들을 유혹하는 낭만적인 장소이다.

파리의 중심 시테섬의 대표적인 랜드마크는 첨탑 높이가 90미터인 고딕건축양식의 노트르담 Notre Dame 성당이다. 1345년에 완성된 이 성당은 정문 위쪽 중앙에는 지름 13미터나 되는 원형 창을 내어 스테인드글라스로 장식했다. 창을 통해 성당 안으로 스며드는 형형색색의 빛은 신비로운 신의 존재를 표현한다. 빅토르 위고의 소설 「노트르담의 꼽추」로 우리에게 친숙한 노트르담 대성당은 나폴레옹의 대관식이 열린 역사적인 장소로도 유명하며, 원래의 모습 그대로 잘 보존되어 있다.

'천국의 앞마당' 이라는 뜻을 가진 샹젤리제 Champs Elysees 는 파리를 대표하는 상징거리이다. 여름에는 푸른 가로수들이, 겨울에는 화려한 조명 장식이 관광객들을 낭만의 거리로 안내하고 있다. 콩코르드 광장에서 출발해 개선문이 있는 에투왈 광장에 이르는 길 양쪽에는 마로니에와 플라타너스 등의 가로수가 울창한 숲을 이루고 있다. 샹젤리제 거리는 에르메스, 루이뷔통, 샤넬 등 명품숍이 즐비한 첨단 패션거리이다.

◀◀ 나폴레옹의 대관식이 열린 노트르담 대성당
◀ 지름이 240미터나 되는 에투왈 광장과 개선문

에펠탑에서 본 센강과 강주변의 녹지공간

샹젤리제 거리가 끝나는 지점의 샤를 드골 에투왈 광장에는 개선문이 있다. 지름이 240미터인 원형 광장의 중앙에 위치하고 있는 폭 45미터, 높이 50미터의 개선문은 나폴레옹이 독일·오스트리아·이탈리아 연합군과 맞서 싸운 아우스터리츠 전투에서 승리한 것을 기념하기 위해 1836년에 세워졌다. 개선문의 형태는 로마에 있는 티투스 황제의 개선문과 매우 비슷하며, 개선문을 중심으로 12개의 도로가 각 방향으로 뻗어 있다.

파리 중심에는 프랑스 역사상 굉장히 의미가 있는 콩코르드 Concorde 광장이 있다. 8각형 모양의 광장 귀퉁이에는 프랑스의 여덟 개 도시를 상징하는 여덟 개의 여신상이 놓여 있다. 광장 중앙에는 이집트 룩소르신전에서 가져온 높이 28미터의 오벨리스크와 분수대가 서 있다. 광장의 탑·조각·물이 만들어내는 야경이 화려하면서도 평화롭다.

파리의 아이콘인 에펠탑은 1889년 프랑스 독립 100주년을 기념하기 위해 개최된 만국박람회 때 토목기술자 에펠 Gustave Eiffel 에 의해 설계되었다. 탑의 높이는 333미터로 당시에는 세계에서 가장 높게 만들어 프랑스의 과학기술을 과시하고자 했다. 에펠탑 3층(276미터)에서는 360° 로 펼쳐지는 파노라믹한 파리의 아름다운 도시경관을 조망할 수 있다. 그러나 처음 에펠탑 건설계획이 결정되었을 때에는 엄청난 비난을 받았다. 소설가 모파상은 "철제로 된 흉물을 보지 않기 위해 에펠탑 안에 있는 카페를 매일 가는 것이 낫겠다." 고 조롱했고, 예술가와 문인들은 공식적으로 반발 성명을 발표하기도 했다. 그러나 에펠탑은 오늘날 파리를 상징하는 가장 대표적인 랜드마크가 되었고, '에펠탑 효과' 라는 말을 만들어냈다. 사회적으로 문제가 된 대상이라도 때로는 도움을 주며 한자리에서 오래 존재하다 보면 점차 익숙해져 결국은 긍정적인 대상으로 인정하게 된다는 것이다.

국립 퐁피두센터 Centre Pompidou 는 마티스, 칸딘스키, 몬드리안, 피카소, 미로, 앤디 워홀과 같은 20세기 현대미술의 거장들을 만날 수 있는 미술관이다. 하지만 그것보다 이곳이 더 관심을 받게 된 이유는 건물의 컬러풀한 외관디자인 때문이다. 건물 뒷면의 빨간색은 엘리베이터와 에스컬레이

처음에는 엄청난 비난을 받았지만 오늘날
파리의 야경을 압도하는 요염한 에펠탑

터, 초록색은 물 파이프, 파란색은 환기배관, 노란색은 전기배관으로 되어 있다. 건물의 정면 facade 도 내부가 훤히 들여다보이는 유리로 되어 있어서 건물 그 자체가 예술작품이다.

세계 3대 박물관의 하나인 루브르 박물관에는 회화뿐만 아니라 고대 그리스 및 로마의 조각작품들과 미술공예품, 레오나르도 다빈치의 모나리자, 밀로의 비너스상, 미켈란젤로의 노예상 등 약 40만 점의 세계적인 미술품들이 전시되어 있다. 1980년대에 들어서면서 루브르 박물관에 엄청난 양의 예술품을 전시할 공간을 확보하기 위해 대대적인 개조작업을 벌였다. 이 건물을 설계한 이오밍 페이 Ieoh Ming Pei 는 ㄷ자형 박물관 건물의 안마당을 파서 지하공간을 만들고 여기에 새로운 출입구를 냈다. 그리고 출입구를 덮기 위하여 높이 23미터의 유리 피라미드를 만들었다. 1989년에 유리 피라미드가 만들어졌을 당시에는 시민들의 비판이 심했다. 하지만 지금은 유리 피라미드가 없는 루브르는 생각할 수 없을 정도로 명물이 되었다.

파리는 지형적으로 광활한 평지에 입지한 도시이다. 19세기 파리의 예술가와 문인들의 주요 활동무대였던 몽마르트 언덕은 높이 130미터의 동산에 불과하지만 시내 대부분이 내려다보인다. 언덕 위에는 가톨릭 신자들이 조국의 미래를 위해 국민헌금을 모아 1919년에 축성된 사크레 쾨르 Sacre Coeur 성당이 있다. 이 성당은 '죽기 전에 꼭 봐야 할 세계건축 1001' 에 선정되어 있다. 바로 옆 광장에서는 꽤 수준 높은 그림을 팔거나 직접 그려주고 있어 활기가 넘친다. 언덕 아래쪽에는 파리의 밤문화를 즐길 수 있는 영화관, 극장, 레스토랑, 술집 등이 자리잡고 있다.

파리시에서는 엄격한 건축 규제와 개발 가용지의 부족 등으로 인해 새로운 공공기관이나 기업용지를 마련하는 것이 어려워지게 됨에 따라 1960년대부터 교외지역에 신도시를 개발하였다. 그중 규모가 가장 크고 성공한 것으로 평가되는 신도시가 바로 라데팡스 La Defense 이다.

국제현상설계에서 당선된 작품으로 디자인된 높이 105미터의 신 개선문 Grand Arche 은 파리 도시공간의 중심축인 샤를 드골 거리의 시각적 종점

루브르 박물관의 새로운 아이콘 유리 피라미드

몽마르트 언덕과 사크레 쾨르 성당

지상공간이 보행자도로, 광장, 공원으로 조성된 라데팡스의 중심업무지구

을 이루고 있다. 라데팡스는 재개발 방식과 신도시 개발수법이 혼용되었다. 세계 일류기업들이 저마다 초현대적이고 개성있는 건물을 지은 20세기 도시·건축문화의 결정체라고 할 수 있다. 특히 라데팡스에는 자동차도로와 전원케이블 등이 지하공간에 들어가 있고, 지상공간은 완전한 보행자공간·광장·공원으로 조성되었다. 특히 오픈 스페이스에는 나무와 분수뿐만 아니라 저명한 현대미술가들의 미술작품 60여 점이 설치되어 있어 예술적인 도시분위기를 더욱 높여주고 있다.

20세기 프랑스의 시인이자 사상가였던 발레리 Paul Valery 는 도시공간 속에 존재하는 건축물을 침묵하는 건물, 말하는 건물, 노래하는 건물의 세 가지로 나누었다. 파리의 건축물은 저마다 부르는 노래가 하모니를 이루는 합창처럼 느껴진다. 발레리는 "당신이 생각하는 대로 살지 않으면, 머지않아 사는 대로 생각하게 된다."라는 말을 하기도 했다. 역시 파리는 저마다 보고 싶은 것들을 충분히 발견할 수 있는 오래된 미래도시이다.

런던의 중심시가지 모습

23 세계 문화의 창조 도시 런던 영국

런던은 세계의 경제·금융·정보를 지배하고 있는 세계도시 World City 이다. 오랜 왕실의 전통과 대영제국의 유구한 역사, 생동하는 젊음과 끊임없는 변화가 어우러져 고전과 모던이 공존하는 다이내믹한 도시이다. 짙은 안개, 빨간색 2층버스, 런던 아이, 셰익스피어 등 수많은 아이콘을 가지고 있다. 1990년대 말 뉴 밀레니엄 시대를 거치면서 디자인도시로 바뀌었고, 2012년 올림픽을 치루면서 다양한 도시재생사업이 추진되었다. 런던은 항상 세계의 새로운 도시공간문화 패러다임을 만들어가는 창조적인 도시이다.

런던은 고대 로마시대의 요새였던 론디늄 Londinium 에서 출발하였다. 중세에는 해상무역이 발전하여 상업도시로 성장하였다. 또한 18세기 산업혁명의 발원지였으며, 19세기 이후 현재까지 세계의 정치·경제·문화를 리드하는 명실상부한 글로벌 도시의 위상을 유지하고 있다.

런던의 두 핵심지역인 런던 시(항구와 상업의 중심지)와 웨스트민스터 시(정치와 종교의 중심지)는 각각 템즈강을 따라 성장하였다. 웨스트민스터 사원은 1503년에 완성된 고딕양식의 건축물로서는 세계 최고의 걸작으로 평가받고 있다. 지금까지 44명의 왕들의 웅장하고 화려한 대관식은 물론, 세계의 언론들이 세기의 결혼식이라 하며 호들갑을 떨었던 찰스 황태자와 윌리엄 왕자의 결혼식도 이곳에서 거행되었다.

국회의사당은 700년이 넘도록 그 자리를 지키고 있는 영국 의회정치의 전당이다. 고딕양식의 이 건물은 정면의 길이가 300미터가 넘으며, 1,000개 이상의 방이 있다. 건물 꼭대기 조그만 방에 불이 켜져 있으면 의회가 열리

종교의 중심 웨스트민스터 사원과 빨간색 2층버스

세계에서 가장 큰 시계 빅벤(엘리자베스 타워)

세계의 젊은이들로 항상 활기가 넘치는 피카딜리 광장

고 있는 중임을 나타낸다. 그래서 인지 건물에 불이 켜 있는 야경이 특히 더 아름답다. 국회의사당을 방문하는 사람들의 시선을 사로잡는 것은 거대한 시계탑 빅벤 Big Ben 이다. 시계탑은 높이 97미터 시계바늘의 길이가 4미터로 세계에서 가장 큰 시계이다. 2012년에 엘리자베스 여왕 즉위 60주년을 기념하여 엘리자베스 타워로 이름이 바뀌었다.

피카딜리 서커스 Piccadili Circus 는 뉴욕의 타임스퀘어나 파리의 샹젤리제 거리처럼 세계에서 가장 번화한 장소로 손꼽히는 원형 광장이다. 다섯 개의 길이 만나는 곳에 있는 피카딜리 서커스는 패션거리인 카나비 스트리트와 환락가인 소호 Soho, 차이나 타운, 런던시어터 등과 인접해 있어 항상 젊은이들로 활기가 넘친다. 커다란 상업광고판은 뉴욕 타임스퀘어의 전광판 만큼이나 화려하다.

런던은 세계 공연문화의 중심도시이다. 200여 개의 극장과 1,500여 개의 극단, 125개의 댄스그룹, 5개의 심포니 오케스트라가 활동하여 일주일에 약

1,500여 가지의 공연이 열린다. 1년에 약 8,500만 명의 관객이 공연행사에 참가하는 것으로 추정되고 있다.

세계 최초의 국립박물관으로 개관된 대영박물관 British Museum 은 인류의 태동기부터 현대에 이르는 전세계 각 문화권의 역사유물과 민속예술품 800만 점 이상을 소장하고 있다. 박물관의 유명한 소장품으로는 이집트의 로제타 스톤, 미라 등을 꼽을 수 있다. 우리나라 유물 250여 점도 전시되어 있다. 세계 3대 박물관의 하나로 손꼽힐 만큼 크지만 입장료는 없다.

런던은 면적의 약 39퍼센트가 공원과 녹지공간으로 이루어져 있으며, 대부분은 영국 왕실의 소유이다. 특히 왕실의 사적인 정원에서 공적인 시민공원으로 바뀐 켄싱턴 가든스와 하이드 파크 Hyde Park 는 도심에 위치하면서도 드넓은 잔디밭과 숲, 호수가 잘 어우러져 있어 시민들의 허파이자 오아시스 역할을 한다. 18세기에 건설된 켄싱턴 가든스에는 엘버트 기념비, 서펜타인 갤러리 등이 있다. 특히 하이드 파크의 동북쪽에는 일요일이면 인종과 사상을 초월하여 누구든지 여왕에 대한 비난을 제외한 모든 발언을 자유롭게 할 수 있는 스피커스 코너 Speaker's Corner 라고 애칭되는 재미있는 장소가 있다. 1872년 이래 계속되고 있는 이 자유발언대는 영국의 또다른 민주주의 문화를 대변해준다. 우리나라 도시에도 공원이나 광장에 이런 공공장소를 마련해준다면, 발언자들에게는 스트레스를 풀어주고 구경꾼들에게는 재미를 제공해주지 않을까?

영국 왕실의 공식적인 거주공간인 버킹엄 궁 Buckingham Palace 에서 펼쳐지는 근위병들의 퍼레이드와 교대식도 아주 독특하다. 빨간색 상의에 곰털모자를 쓴 근위병들이 정확하게 72센티미터 보폭으로 엄숙하게 걷는 모습은 왕실의 품격과 권위를 한층 더 높여준다. 빨간색은 영국의 전통적인 색깔이자 런던의 상징색이기도 하다.

세계에서 새천년 New Millennium 을 가장 처음 맞이한 도시인 런던에서는 서기 2000년을 기념하여 런던 아이, 테이트 현대미술관 등 다양한 밀레니엄 프로젝트를 시행하였다. 2000년에 오픈한 런던 아이는 세계에서 가장 큰 지

빅토리아 시대의 화려한 조각을 보여주는 켄싱턴 가든스의 앨버트 기념비

근위병들의 퍼레이드가 끝난 뒤의 버킹엄 궁 모습

지름 135미터로 세계에서 가장 큰 회전전망대 런던아이

름이 133미터나 되는 회전전망대로, 한 바퀴 도는 데 30분이 소요된다.

템즈강변에 있는 테이트 모던 Tate Modern 은 1980년대 이후 문을 닫았던 화력발전소를 외관은 변경시키지 않고 내부공간만 리모델링하여 만든 현대미술관이다. 이곳에는 모네, 달리, 피카소, 앤디 워홀 등 유명 화가들의 작품이 전시되어 있고, 유럽 최대의 미술서적을 갖춘 서점도 있다. 쓸모가 없어진 산업유산이 도시의 창의공간으로 새롭게 탄생된 것이다.

런던은 현대 도시계획의 선구자이다. 산업혁명 이후 급격한 도시화로 시가지가 외곽지대로 무질서하게 확산되자 1898년 하워드 E. Howard 는 런던과 공간적으로 분리되어 있는 농촌지역에 개발되는 전원과 도시의 성격을 동시에 갖춘 자족도시인 '전원도시 Garden City' 개념을 제시하였으며, 그의 이론에 따라 실제로 두 도시가 건설되었다. 그리고 전원도시이론은 대도시의 팽창 억제를 위한 그린벨트, 공공의 이익을 위한 토지의 공적 제한 등 현대 도시계획의 기틀을 마련하는 데 크게 공헌하였다.

바비칸센터 Babican Center 는 1950년대에 2차 세계대전 때 폭격으로 잿더미가 된 지역을 세계에서 가장 먼저 건축 리모델링을 포함하여 문화적인

화력발전소에서
창의공간으로 다시 태어난
테이트 모던 내부

기능을 도입하고 도로·공원 등 도시기반을 정비하였다. 이른바 도시재생 Urban Regeneration 프로젝트를 통해 폐허된 지역을 복합문화단지로 새롭게 회생시킨 것이다. 이 지구에는 고층주거를 비롯하여 콘서트 홀, 갤러리, 영화관, 예술학교 등이 들어서 있다. 바비칸센터 안에는 도시재생을 하면서도 고대 로마시대의 성벽 일부와 해자, 중세에 지어진 교회, 나무로 만들어진 벤치 등이 그대로 보존되어 있다.

1980년대에는 오래된 항구지역인 도크랜드가 공공 및 민간투자를 통해 재생되었다. 런던에서 가장 높은 50층 빌딩이 카나리 워프 Canary Wharf 지구에 건설되어 국제금융, 전문상점 및 고소득 거주자 유치에 성공하였다. 런던 항구지역의 재생사업은 이후 보스턴, 시드니 등 세계 주요 항구도시의 수변공간 waterfront 개발에 아주 큰 영향을 주었다.

런던은 항상 옛 것을 창조적으로 보존하면서 새 것을 창조적으로 만들고, 이 두 가지를 융합 · 조화시킴으로써 결국은 도시의 새로운 공간문화를 만들어가는 이른바 21세기의 창조도시 Creative City 이다. 그리고 도시재생 사업들을 자발적인 주민참여로 이루어가는 주민자치도시이다.

옛 모습이 그대로 보존되어 있는 바비칸센터 내 로마시대의 성벽과 중세 교회

폐허가 된 항구에서 국제금융지구로 재생된 도크랜드의 카나리 워프

운하와 자전거의 도시 암스테르담

24 컬러풀한 문화 도시 암스테르담 네덜란드

암스테르담은 도시의 상당 부분이 해수면보다 낮아 '물의 도시'로 불리며, 운하·튤립·풍차로 유명하다. 해양무역의 황금기였던 17세기에 만들어진 운하가 지금도 주요 교통 수단으로 이용되고 있는, 북유럽의 경제와 물류의 중심도시이다. 빛의 화가 렘브란트와 해바라기의 화가 고흐의 숨결을 간직한 도시, 실존주의 철학자를 대표하는 스피노자와 데카르트를 떠올리게 하는 도시, 마약과 자유로운 성문화로 유명한 도시 등 다양한 이미지를 가진 컬러풀한 문화도시가 바로 암스테르담이다.

암스테르담은 시가지의 상당 부분이 해수면보다 3미터 정도 낮아서 물의 도시 또는 북유럽의 베니스라고 불리기도 한다. 부채꼴 모양의 운하가 도시 교통망의 골격을 이루는 구시가지는 70여 개의 섬을 연결한 크고 작은 165개의 운하와 1,281개의 다리로 이루어져 있다.

암스테르담은 운하 옆에 늘어선 가로수와 풍차, 16~18세기에 지어진 고풍스러운 건물들이 어우러져 독특한 도시경관을 연출한다. 국립박물관, 반 고흐 박물관, 안네 프랑크의 집, 렘브란트 하우스, 유대 역사박물관 등 42개의 박물관을 비롯하여 수많은 공원, 갤러리, 극장과 콘서트 홀이 곳곳에 자리 잡고 있어, 과연 북유럽의 문화예술 중심도시임을 실감나게 한다.

암스테르담은 전체 인구 가운데 약 절반을 외국인이 차지하고 있는 다민족 도시이다. 또 인구 75만 명에 자전거 60만 대 이상을 보유하고 있어 자동차보다 자전거가 더 대접받는 자전거도시이다. 그래서 자전거 주차장이

암스테르담의 모든 길이 통하는 중심 담 광장

시가지 면적의 상당 부분을 차지하고 있고, 택시 자전거와 자전거 전용도로가 도시 전체에 거미줄처럼 연결되어 있다.

암스테르담의 모든 길은 담 Dam 광장으로 통한다는 말이 있을 정도로 도시의 중심에 위치하고 있는 것이 담광장이다. 도심을 가로지르는 담락 Damrak 거리에 접해 있는 이 광장은 도시 중심부를 Y자형으로 흐르는 암스테르강의 둑이 무너졌을 때 시가지 전체가 물에 잠기는 것을 방지하기 위해 13세기에 만들어졌다. 그러나 지금은 수많은 비둘기 떼와 거리의 악사들이 펼치는 공연을 즐기는 사람들로 활기가 넘치는 문화공간이다.

17세기에 완성된 암스테르담 왕궁은 본래 암스테르담 시청사로 쓰이던 건물이었지만 지금은 왕실의 영빈관으로 사용되고 있다. 왕궁의 일곱 개 출입문은 네덜란드의 독립을 결정한 일곱 개의 주를 상징한다. 왕궁 안에는 수많은 그림과 조각품이 전시되어 있어 여행자들로 늘 붐빈다.

암스테르담은 풍차, 튤립과 더불어 섹스와 마약으로 유명하다. 중앙역 앞에 위치하고 있는 섹스뮤지엄은 3층 규모의 건물에 동·서양의 성을 주제로 한 여러 가지를 전시하고 있어, 에로틱한 분위기를 풍기는 암스테르담의

빛의 화가 렘브란트의 작품 「야경」

천재 화가 반 고흐의 작품 「해바라기」

개방적인 성문화의 한 단면을 보여준다. 마약과 매춘이 합법적으로 인정되는 홍등가는 암스테르담을 떠올리게 하는 또 하나의 도시이미지이다.

구 암스테르담의 해자 역할을 했던 싱겔운하에 인접해 있는 빨간 벽돌로 지어진 국립회화관 Rijks Museum 에는 15~19세기 네덜란드의 수많은 회화작품이 전시되어 있다. 이 가운데 가장 유명한 작품이 빛의 화가 렘브란트가 그린 「야경」이다. 이 작품은 밤에 암스테르담의 치안을 담당했던 조합원들을 집단으로 그린 그림이다.

암스테르담에서 꼭 가봐야 할 곳은 풍차·튤립·해바라기를 주로 그린 천재 화가 고흐의 작품들이 전시되어 있는 반 고흐 미술관이다. 이곳에서는 고흐의 200여 점의 회화와 500여 점의 데생을 볼 수 있다. 고흐는 자기 왼쪽 귀를 자른 화가, 자화상을 많이 그린 화가, 색채가 특이한 인상파 화가로도 유명하다. 반 고흐 미술관 앞에는 2004년에 이 도시의 시티 브랜드사업의 하나로 설정한 '나는 암스테르담 시민' 이라는 뜻을 지닌 'I am sterdam' 에서 I am은 빨간 글자, sterdam은 흰색 글자로 설치해 놓은 환경조형물이 매우 인상적이다. 이 조형물은 암스테르담을 방문한 여행자들이 다양한 포즈로 재미있게 사진을 찍는 포토존이다.

1990년대부터는 구시가지에 개성 넘치는 형태로 디자인된 아파트단지가 도시재생사업으로 추진되었다. 싱겔운하에 근접해 있는 오렌지 낫소 바락스 Orange Nassau Barraks 단지는 17세기 이후부터 군사시설이었다. 군사적 의미가 사라진 1980년대에 건물을 철거하자는 의견이 대두되었지만, 옛 건물을 보존하자는 시민들의 강력한 요청이 받아들여져, 병영을 보존하면서 주택·업무지역으로 개발하기로 결정되었다. 6개 동의 아파트 형태가 모두 다르고 창문의 디자인이 매우 특이하다. 또한 고래빌딩이라는 별명이 붙어 있는 엔트레포트 Entreport 아파트는 건물의 바닥면이 경사진 것처럼 불안정스럽게 보여 사람들의 시선을 끈다.

암스테르담은 컬러풀한 도시이다. 유명한 화가를 배출한 도시답게 모든 건축물들의 색채와 디자인이 나름대로 개성이 있다. 특히 가로등, 교량, 볼

고흐 미술관 앞의 포토존 I am sterdam

일명 고래빌딩으로 불리는 엔트레포트 웨스트 아파트

차량의 진입을 막기 위해 보행자 도로에 설치된 컬러풀한 디자인의 볼라드

암스텔 운하를 횡단하는 스키니 다리(마헤레 다리)

라드 등 각종 가로장치물 street furniture 들은 빨강·파랑·노랑 등 원색을 그대로 사용하여 눈에 잘 띄면서 거리의 활기도 불어넣고 있다.

암스테르담에는 수많은 다리가 있다. 그 가운데 가장 유명한 다리가 암스텔 운하를 횡단하는 마헤레 다리 Magere brug 이다. 1671년에 건축가 마헤레가 나무로 디자인한 개폐교인 이 다리는, 한 자매가 강 양편에 살고 있었는데, 서로 만나기 위해 마을을 멀리 돌아가는 것을 안타깝게 생각하여 동네사람들이 만들어주었다고 한다. 전해오는 훈훈한 이야기가 마헤레 다리를 더욱 아름답게 해준다.

코펜하겐의 중심시가지 모습

25 녹색교통의 도시 코펜하겐 덴마크

덴마크는 14세기 유럽에는 북유럽 전체를 지배하는 대국이었으며, 아직도 천년의 전통과 위상을 간직하고 있다. 코펜하겐은 인구 약 50만 명의 덴마크 수도로, 북유럽에서 인구밀도가 가장 높다. 각종 국제적인 회의와 학회가 활발하게 열리는 도시답게 대규모 공항과 항구를 갖추고 있다. 2차 세계대전 중에는 독일의 지배하에 있었기 때문에 연합군의 폭격으로 항구와 조선소는 파괴되었지만, 중심시가지의 역사문화적 건축물은 다행히 그대로 보존되어 있다. 코펜하겐은 안데르센동화의 도시이기도 하다.

코펜하겐은 11세기 초 무역항구 하운 Havn 으로 출발하여 16세기에는 수륙교통의 이점을 살려 국제적인 항구도시로 발전하였다. 도시의 중심은 역시 시청 앞에 위치하고 있는 콩겐스 뉘토르 Kongens Nytorv 광장이다. 이 광장에 인접해 있는 17세기에 지어진 샤를로텐보르 궁전은 현재는 왕립 미술아카데미로 이용되고 있다. 도심 남쪽에는 역사가 오래된 중앙역, 시청, 티볼리공원 등 역사적인 건물들이 자리잡고 있다.

해안 가까이에는 현재 덴마크 왕궁으로 사용되고 있는 아말리엔보르 Amalienborg 궁전이 있다. 왕궁 근처에는 안데르센의 동화 「인어공주」로 유명한 인어상이 있다. 이 인어상은 크기가 80센티미터에 불과하여 '사람을 실망시키는 세계 3대 동상' 중 하나라고 한다.

코펜하겐의 구시가지 내에는 유서깊은 항구 니하운 Nyhavn 과 궁전, 교회 등 전통적인 건축물이 많아 유럽에서도 아름다운 역사도시로 손꼽힌다.

코펜하겐 시청 앞 광장의 안데르센 동상

크기가 작아 사람을 실망시키는 다리로 유명한 인어상

코펜하겐의 옛 항구인 하운지구

세계 최초의 테마파크로 유명한 티볼리 공원의 음악분수

특히 세계적으로 권위 있는 학회와 연구기관의 본부, 미술관, 박물관이 위치하고 있어 북유럽의 문화예술 중심도시로 역할을 하고 있다.

코펜하겐 시청 옆에 위치한 티볼리 공원 Tivoli Gardens 은 1843년에 왕실의 공원을 개조하여 만든 세계 최초로 만들어진 테마파크로 유명하다. 공원의 면적은 크지 않지만 울창한 숲과 연못이 있어서 많은 예술가와 문학인들이 이곳을 사랑했다. 안데르센은 여기에서 새로운 동화를 구상했다고 한다. 야외무대에서는 매일 밤 다채로운 문화공연이 열리고 있다. 음악에 따라 춤을 추는 음악분수가 사람들의 눈길을 끈다.

다른 유럽 도시와 마찬가지로 코펜하겐이 고유한 역사도시로써 공간문화와 건축적 질서를 잘 지켜내고 있는데, 그 비결은 옛 것과 새로운 것을 존중하는 융합과 공존의 사고방식에서 연유된다. 중세도시 분위기의 도심광장과 시청 앞의 안데르센 거리, 보행자천국이라고 하는 스트로얼 Strøget 골목길을 빠져나왔을 때 펼쳐지는 항구 주변의 초현대식 건물들은 과거와 현재의 공존을 실감하게 된다. 이것은 옛 도시의 아름다운 경관을 유지하기 위해 도심지역에 새로 짓는 건물의 높이는 시청사의 첨탑 높이인 105.6미터를 초과하지 못하도록 강력하게 규제하고 있기 때문이다.

전차를 끄는 소의 역동적인 모습이 인상적인 게피온 분수

코펜하겐 시내에서 가장 널리 이용되는 교통수단은 매일 15만 명 정도가 자전거로 통근·통학을 하고 있다. 자전거도로는 차선과 마찬가지로 빠른 왼쪽 차선과 느린 오른쪽 차선으로 나뉘어져 있으며, 자전거만을 위한 신호등이 별도로 설치되어 있다. 자전거 이용률이 높은 이유는 출퇴근 시 자동차에 의해 소모되는 에너지를 절약하고 쾌적한 공기를 보존하려는 시민의식 때문이라고 한다.

코펜하겐에는 칼스버스 맥주회사의 후원으로 세계 1차대전 때 희생된 선원들을 추모하기 위해 만들어진 게피온 Gefion 분수가 유명하다. 이 분수는 오늘날 코펜하겐에 속한 셸란 섬을 스웨덴의 왕으로부터 얻어냈다는 전설적인 풍요의 여신 게피온이 쟁기를 끄는 4마리 소의 역동적인 모습과 힘차게 솟구치는 분수가 매우 강한 인상을 준다.

쾨벤하운 København 항구는 본래 북유럽의 무역중심이었지만 1980년 이후 한동안 버려진 공간 lost space이었다. 최근 그동안 무용지물이던 항구와 군사기지들이 정부와 대기업의 막대한 투자로 교육문화공간, 최고급의 호텔과 주거공간으로 변모되었다. 특히 2005년에 오페라 하우스가 완공되면서 항구의 꽃으로 자리매김하게 되었다. 그리고 바다로 흘려 보내지는 폐

수변공간에 세워진 코펜하겐의 오페라 하우스

수의 오염도를 0.25ppm로 낮춤으로써 항구에서도 해수욕이 가능하게 하는 놀라운 기적을 낳았다.

루이지애나 현대미술관 **Louisiana Museum of Modern Art** 은 세계에서 가장 아름다운 미술관으로 손꼽힌다. 이 미술관은 후안 미로, 헨리 무어, 막스 에른스트와 같은 유명한 조각가의 작품들이 바다가 내려다 보이는 언덕 위에 지어진 건물의 실내와 실외 곳곳에 전시되어 특이한 인상을 주지만, 그 보다도 자연과 건축과 예술이 완벽한 공간적 조화를 보여주기 때문이다. 1954년 미술관의 터를 사들인 옌센은 두 젊은 건축가에게 디자인을 맡겼다. 그들은 19세기에 지어진 원래의 빌라를 그대로 남겨둔 채 여러 번의 증축과정을 거쳐 1966년에 건축작품을 완성하였다. 이 건축물은 미술관이 단순히 '미술품을 전시하는 곳' 이 아니라 건물 그 자체도 하나의 예술품이 되어야 한다는 건축가의 철학이 반영되어 있다.

세계 최고의 복지국가인 덴마크의 수도 코펜하겐은 도시의 예술과 문화를 상징하는 도서관·미술관·광장이 많을 뿐만 아니라 자동차보다 사람과 자전차가 더 대접받는 도시이다. 코펜하겐은 세계에서 시민생활이 가장 행복한 친인간도시이자 친환경도시이다.

세계에서 가장 아름다운 미술관으로 손꼽히는 루이지애나 뮤지엄

오슬로의 해안지구 모습

26 절제된 현대 도시 오슬로 노르웨이

노르웨이의 수도 오슬로는 공원, 녹지, 호수 등 대자연으로 둘러싸여 있다. 도시 역사는 1048년 노르웨이 최후의 바이킹 왕 하랄 호르로데 3세에 의해 시작되었고, 14세기에는 한자동맹에 속하여 크게 번영하였다. 1624년의 대화재로 인해 도시가 폐허화됨에 따라 당시 오슬로를 지배하던 덴마크의 크리스티안 4세의 새로운 도시계획에 의해 도시재건이 이루어졌고, 지금까지 수도로서 역할을 해오고 있다. 오슬로는 바이킹의 도시로도 유명하다. 최근에는 친환경도시로 세계의 주목을 받고 있다.

'북쪽으로 가는 길' 이라는 뜻을 지닌 노르웨이의 수도 오슬로를 대표하는 거리는 노르웨이와 스웨덴 왕이었던 칼 요한 14세의 이름에서 따온 칼 요한스 거리 Karl Johans Gate 이다. 중앙역에서 동서로 뻗어나간 거리에는 박물관, 국회의사당, 대성당, 오슬로대학, 국립극장 등 문화시설이 자리 잡고 있다. 국회의사당에서 대성당까지 거리에는 백화점, 상가, 음식점 등이 즐비하다. 대성당 근처에서는 예술가들이 그림을 그리고 음악을 연주한다.

오슬로를 대표하는 칼 요한스 거리

멋과 낭만이 넘치는 오슬로 항구의 부둣가

오슬로 만의 앞에는 쌍둥이 타워 형태의 시청이 나타난다. 건물의 1, 2층과 시청 앞에는 조각작품과 분수대가 설치되어 있어서 관공서가 아니라 마치 미술관에 들어온 느낌이다. 오슬로 시청에서는 매년 12월 노벨평화상의 시상식이 거행된다.

시청을 지나 뵈그되이 Bygdøy 박물관지구로 가면 노르웨이 민속박물관과 인간의 절망과 불안을 표현했던 화가 뭉크 Edvard Munch 의 일생과 작품이 전시된 뭉크미술관이 있다. 이 미술관은 뭉크의 탄생 100주년을 기념하여 오슬로 시에서 설립하여 개관하였다. 지상 1층과 지하 1층에는 그의 대표작인 「절규」를 비롯하여 여러 작품을 볼 수 있다. 뭉크는 절규의 제작 동기가 된 자신의 체험을 다음과 같이 이야기하고 있다.

"어느날 저녁 나는 길을 걷고 있었다. 한쪽으로는 거리가 뻗어 있었고, 다른 쪽으로는 좁은 만이 있었다……. 해가 질 무렵이어서 구름이 피처럼 붉게 물들어 있었다……. 나는 하나의 절규가 자연을 꿰뚫어 지나가는 것을 느꼈다."

바이킹 박물관에는 1904년에 발견된 이집트 여왕의 배 오세베르크를 비롯하여 8세기경부터 50년 간 사용된 배 3척이 옛 모습을 그대로 간직하고

뭉크의 대표작 「절규」

옛 모습을 간직한 바이킹의 배

참을 수 없이 화난 표정의 어린아이

고된 인생의 굴레를 벗어나려는 젊은이

인간 삶의 순환과정에서 남녀 간의 사랑을 감동있게 표현한 조각작품들

있다. 박물관의 여러 전시물 가운데 가장 눈길을 끄는 것은 바이킹에 관한 방대한 자료와 배 안에서 발견된 수장품들이다.

오슬로 시내에는 약 30만 평방미터의 넓은 부지에 조각가 구스타프 비겔란 G. Vigeland 이 13년 동안 심혈을 기울여 만든 200여 개의 조각작품이 전시되어 있는 비겔란 조각공원이 있다. 공원의 입구부터 어머니와 아이들, 남녀 간의 사랑, 가족 등을 표현한 조각들이 다양한 표정으로 방문객들을 맞이한다. 그중에서 가장 인상깊은 작품은 청동으로 만든 참을 수 없이 잔뜩 화가 난 어린아이, 고된 인생의 굴레를 벗어나려는 젊은 청년이다. 그리고 공원의 중심에는 121명의 남녀가 서로 엉켜 괴로움으로 몸부림치는 모습이 생동감 있게 묘사된 높이가 17미터에 달하는 기둥 모양의 조각작품 「모놀리트 Monolith 」가 서 있다.

비겔란의 작품은 인간이 삶의 순환과정 속에서 느끼는 꿈과 희망, 사랑과 증오, 고독과 죽음 등이 너무 감동적으로 표현되어 있기 때문에 인생의 의미를 다시 한 번 깊게 생각하지 않을 수 없게 만든다. 연간 250만 명의 관광객이 다녀갈 정도로 세계적인 명물이 된 비겔란 조각공원은 예술과 환경이 어떻게 이상적으로 결합할 수 있는지를 보여주는 좋은 예이다.

오슬로는 스웨덴의 스톡홀름과 함께 노벨상의 도시이다. 노벨상은 스웨덴의 다이너마이트 발명가이자 실업가였던 노벨 Alfred Nobel 이 헌납한 재산으로 매년 물리학상·화학상·생리의학상·문학상·경제학상·평화상을 수여한다. 이 가운데 가장 관심이 많은 평화상은 노벨의 사망일인 12월 10일 이곳 오슬로에서 시상식이 거행된다.

홀멘콜렌 Holmenkollen 스키점프대가 세계의 동계스포츠를 상징하는 오슬로의 랜드마크라면, 자연환경을 대표하는 것은 오슬로 피요르드와 오슬로 마르카 Marka 이다. 타원형으로 오슬로를 감싸고 있는 1,700평방킬로미터 규모의 마르카는 단순히 나무와 숲뿐만 아니라 노르웨이 국민에게 아문센·난센 등의 탐험가에 대한 향수 nostalgia 를 담고 있는 역사문화공간이라는 데 더 큰 의미가 있다. 오슬로 마르카에 있는 호수는 옛날부터 목재운반

오슬로의 아름다운 자연환경을 상징하는 마르카

로로 이용되어 왔다. 지금은 오슬로 시민은 물론 주변 18개 지자체의 주민들에게 산책·자전거타기·낚시·요트·수영 등의 휴양공간을 제공하는 한편, 식수 공급원으로도 중요하다고 한다.

20세기 말 '환경적으로 건전하고 지속가능한 발전' 이라는 도시개발 이념을 만들어낸「우리 공동의 미래 Our Common Future」보고서의 채택을 주도한 사람이 노르웨이 전 수상이었던 브룬트란트 G.H. Bruntland 이다. 노르웨이 사람들의 자연환경 보전에 대한 무한한 열정으로 오슬로는 앞으로도 세계 도시들의 생태적·문화적 성장을 유도하는 모범 도시로 발전하게 될 것으로 보인다.

스톡홀름의 구시가지 전경

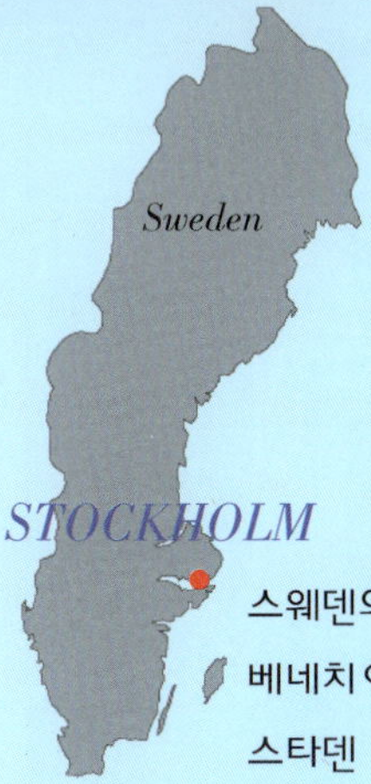

27 북유럽의 베네치아 스톡홀름 스웨덴

스웨덴의 수도 스톡홀름은 1,200여 개의 섬들을 미로처럼 연결하는 운하가 있어 '북유럽의 베네치아'로 불린다. 스칸디나비아 반도의 정치와 문화의 중심도시인 스톡홀름은 1250년 스타덴 섬에 건설되기 시작하여 한자동맹에 속하는 항만도시로 경제기반을 탄탄히 구축해 나갔다. 17세기 초에는 수도를 당시의 웁살라로부터 스톡홀름으로 옮겨오면서 북유럽의 중심도시로 발전하였다. 구시가지의 광장, 성당, 시장, 골목길 등은 스톡홀름의 오랜 역사와 개성 있는 도시와 건축의 공간문화를 보여준다.

스톡홀름의 구시가지 감라스탄 **Gamla Stan** 에는 중세도시의 좁은 도로와 광장이 그대로 남아 있다. 건물은 비교적 고층으로 이루어져 있다. 특히 1층의 갤러리, 기념품가게, 카페, 레스토랑 등은 옛 모습을 간직하고 있다. 이는 시정부가 이곳을 역사보전지구로 지정하여 개별 건축물의 개축이나 보수계획을 사전에 점검하고 보조금을 지원해주기 때문이다.

감라스탄 북쪽에는 1754년에 지은 왕궁이 있다. 유럽의 다른 나라의 왕궁에 비해 규모는 작지만, 당시 만들어진 극장은 원형 그대로 보존되고 있으며, 지금도 예술공연과 음악연주회 등의 문화행사가 열린다.

스톡홀름에는 '세계에서 가장 긴 아트갤러리' 가 있다. 90여 개의 지하철 역사들의 벽과 천장을 마치 동굴처럼 자연스럽게 마감하고 경관조명·페인팅·모자이크·조각기둥으로 예술작품같이 아름답게 디자인했기 때문이다. 중앙역에서 출발하는 가이드 투어도 운영되고 있다.

중세도시의 모습이 그대로 남아 있는 감라스탄 거리

중앙역에서 가까운 거리에는 1923년에 완성된 시청사가 눈길을 사로잡는다. 붉은 벽돌과 고딕양식의 창틀, 건물 위의 106개의 탑과 조각상은 마치 중세의 궁전처럼 보인다. 건물로 둘러싸인 계단이 있는 중정에서는 매일 시간에 맞춰 오케스트라가 연주된다. 건물 안에 있는 멜라렌 여왕의 방에서는 매년 12월 10일 노벨상 수상자를 위한 무도회장으로 이용된다.

스톡홀름 시청 앞의 수변공원

오케스트라가 연주되는 스톡홀름 시청의 중정

세련된 기하학적 바닥무늬의 세르겔 광장과 유리 타워

밀레 조각공원의 작품
「신의 손」과 「천사」

구시가지에는 세르겔 광장 Sergel's Square 이 있다. 광장 중앙에는 8만 개의 유리로 만들어진 타워가 있다. 타워 주변은 문화회관, 백화점 등이 연출해내는 고풍스러운 스톡홀름의 분위기와는 대조적으로 기하학적 무늬의 바닥 디자인이 아주 현대적이고 세련되어 있다.

스톡홀름에는 조각가 카를 밀레가 살던 집에 그가 죽은 후 작품을 모아 놓은 밀레조각공원 Millesgarden 이 유명하다. 발트해가 내려다 보이는 언덕 위에 위치한 이 조각공원에는 「신의 손」을 비롯하여 주로 인체를 주제로 한 독특한 모양의 조각작품들이 야외에 전시되어 있다.

도시에도 품위 있는 도시가 있고 천박한 도시가 있다. 스톡홀름에서는 세계 최고 권위의 노벨상이 수여되며, 가구·조명·패션 등 디자인제품 전시회도 자주 열리기 때문에 일반시민들도 수준 높은 예술과 문화를 쉽게 접할 수 있다. 뮤지컬 「맘마미아」로 유명한 세계적인 팝그룹 아바 ABBA 도 이 도시 출신이다.

톰페아 성에서 바라 본 탈린의 구시가지 모습

28 발틱해의 여왕 탈린 에스토니아

탈린의 도시 역사는 13세기 독일기사단의 십자군 원정대가 성을 만들면서부터 시작되었다. 북유럽 한자동맹의 중심도시로 2세기 동안 번영을 누렸으며, 18세기 초에는 러시아 발틱함대의 전초기지가 되면서 크게 성장하였다. 제2차 세계대전 때는 독일에 점령되고, 1991년 옛 소련에서 독립했다. 상처가 많은 도시이지만 중세 북유럽의 화려했던 공공 건물과 교회, 상인들이 거주하던 길드 guild 거리들이 아주 잘 보존되어 있다. 탈린은 연간 8백 만 명 이상의 여행자들이 방문하는 발트의 대표적인 문화관광도시이다.

탈린에서 가장 오래된 문화유적은 해안가의 톰페아 언덕 위에 만들어진 톰페아 성 **Toompea Loss** 이다. 중세 요새였던 이 성곽은 높이 15미터, 길이 약 4킬로미터로 타원형의 구시가지를 둘러싸고 있다. 톰페아 성의 전망대에서 내려다 본 탈린의 구시가지는 원뿔 모양의 첨탑을 가진 건물들과 숲이 함께 어우러져 한폭의 수채화를 보는듯 하다. 전망대 주변의 기념품가게에서는 탈린 옛 모습이 담긴 그림과 귀족 가문들의 문장도 팔고 있다.

구시가지는 걸어서 세 시간 정도면 모두 둘러볼 수 있을 정도로 작지만, 역사적으로 의미있고 아름다워 1997년에 유네스코 세계문화유산으로 등재되었다. 성벽 밑에 있는 조용하고 아늑한 카페는 여행자들에게 중세도시 분위기의 휴식공간을 제공하고 있다.

원뿔 모양 지붕의 비루게이트 **Viru Gate** 를 통해 구시가지를 들어서면 중세에 만들어진 고풍스러운 건물과 거리, 광장을 만난다. 오랜 역사를 간직하고 있는 라에코야 **Raekoya** 광장은 탈린을 상징하는 예술문화공간이다.

톰페아 성벽 아래의 중세 분위기의 휴식공간

광장 주변은 구 시청을 비롯하여 다양한 형태의 파사드와 지붕을 가진 건물들이 병풍처럼 둘러싸고 있고, 노천카페와 선물가게들이 즐비하다. 과거 장터이자 사형장이었던 라에코야 광장에서는 주말이면 전통음악에 맞추어 춤을 추거나 음악을 연주하는 사람들, 직접 만든 공예품이나 아몬드와 같은 길거리 음식을 파는 상인들도 모두 전통의상을 입고 있어 유럽의 어느 축제 현장에 와 있는 착각을 일으킨다. 완벽한 중세 실내분위기로 장식한 레스토랑에서는 옛 발트인들의 음식문화를 체험할 수 있다.

라에코야 광장의 남쪽에 있는 구 시청은 13세기에 건립된 건물들 가운데 가장 오래된 건물 중 하나로 2층의 고딕양식 건물이다. 지붕은 급경사의 박공구조이며, 지붕 위에는 왕관 모양의 8각형 첨탑이 있다. 첨탑의 꼭대기에는 '토머스 할아버지'라는 애칭으로 불리는 파수병 모양의 풍향계가 있다. 토머스 할아버지가 탈린의 주인이다.

구 시가지의 중심에는 핑크색의 국회의사당과 알렉산드로 네프스키 교

중세 북유럽 도시 분위기의 라에코야 광장

회 Alexandro Nepsky Church 가 위치해 있다. 러시아정교에 속하는 이 교회는 양파처럼 둥근 모양의 돔 형태를 가지고 있어, 모스크바에 있는 성 바실리 대성당과 아주 비슷하다. 네프스키 교회와 함께 탈린에서 가장 유서 깊은 건물이 홀리 스피릿 교회 Holy Spirit 이다. 중세 고딕풍과 바로크양식이 조화를 이루어 소박한 건물 외관을 자랑한다. 교회의 외벽에는 1433년에 만들어져 에스토니아에서 가장 오래된 벽시계가 걸려 있다.

성벽 옆의 골목길을 따라 밑으로 내려오면 옛 그대로 보존되어 있는 중세 수공업 상인들이 모여 살던 길드거리 Guild Street 가 있다. 성벽 밑의 아주 좁은 빈 공간을 잘 활용한 선물가게도 재미있다. 탈린의 구 시가지는 크지 않지만 북유럽 중세의 도시와 건축문화를 그대로 간직하고 있는 '발트해의 진주' 이다. 거리와 건물뿐만 아니라 옷과 음식에서도 발트인들의 당시 전통적인 생활문화를 엿볼 수 있기 때문이다.

양파 모양 지붕의 네프스키교회

중세 수공업자들이 모여 살던 길드거리

바로크 시대의 도시계획과 건축문화의 정수를 보여주는 상트 페테르부르크

29 예술과 혁명의 도시 상트 페테르부르크 러시아

'성스러운 베드로의 도시'라는 뜻을 가지고 있는 상트 페트르부르크는 18세기 초 표트르Peter 대제가 러시아의 근대화를 꿈꾸며 완전히 새롭게 만든 계획도시이다. 2세기 동안 제정러시아의 수도였고, 1917년 볼세비키 혁명이 일어난 역사의 현장이다. 도시 전체가 유네스코 세계문화유산에 등재될 정도로 바로크시대의 도시계획과 건축문화를 보여주는 역사박물관이다. 상트 페테르부르크는 수많은 미술관, 궁전, 성당, 오페라극장, 광장, 동상, 그리고 문학가들의 발자취가 세계 최고의 문화예술도시임을 웅변하고 있다.

표트르 대제는 1703년 새로운 러시아제국의 위상에 걸맞는 수도를 건설하기 위해 스웨덴으로부터 되찾은 네바강의 북쪽에는 무역을 위한 항구와 별모양의 요새인 피터 앤 폴 성을 구축하고, 남측에는 해군성을 건설했다. 모두 101개의 섬과 580여 개의 다리로 이루어진 운하도시 상트 페테르부르크는 구 해군성을 기점으로 동쪽으로 뻗어나가는 네프스키 Nevsky 대로를 중심으로 5개 방사선 도로축으로 이루어져 있다.

이 도시를 동서로 관통하며 흐르는 네바강은 교통의 대동맥일뿐만 아니라 거대한 몸체를 하나로 결합시킨다. 도시의 중요한 건물과 동상, 광장, 정원들의 대부분이 네바강 운하에 면해 있기 때문이다. 네바강은 밤에 더욱 아름답다. 어둠 속에서 유유히 떠다니는 유람선, 다리, 건물, 기념탑에 비춰지는 오색찬란한 경관조명이 환상적인 야경을 연출하기 때문이다.

성인 베드로의 이름에서 따온 피터 앤 폴 성의 중심에 세워진 대성당 종루의 꼭대기에는 구 球 모양의 십자가와 날아가는 천사 모양의 풍향계가 장

하루종일 황금빛으로 빛나는 상트 페테르부르크의 랜드마크 피터 앤 폴 성

식되어 있다. 황금으로 도금되어 하루종일 금빛으로 빛나는 높이 122미터의 첨탑은 상트 페테르부르크의 가장 뚜렷한 랜드마크이다. 피터 앤 폴 성은 300문의 대포가 장치되어 있는 도시를 수호하는 보루였다. 그러나 전쟁을 치룬 적은 없고 러시아에서 가장 무서운 감옥으로 사용되었다.

표트르시대에 건설된 네프스키 대로는 서쪽의 구 해군성 본부와 동쪽의 알렉산드로 네프스키 수도원까지 약 4.5킬로미터에 이르는 거리로, 상트 페테르부르크에서 가장 번화하다. 가로변에는 수백 년에 걸쳐 이루어진 전통적인 바로크양식의 저택을 비롯하여 궁전, 박물관, 극장, 상점 등이 아주 질서 있게 들어서 있다. 네프스키 거리는 러시아의 대문호 톨스토이와 도스토옙스키 등의 문학작품에도 많이 등장하여 찬란하고 위대했던 상트 페테르부르크의 역사를 증명하고 있다.

옛 참모본부와 드보롯 소바야 광장의 알렉산드로 1세 성당

도시의 주요 교차점이나 공공건물 앞에는 제정 러시아의 번영을 상징하거나 대중집회를 열기 위한 광장이 만들어졌다. 드보릇 소바야 Dvort Sovay 광장은 남쪽의 옛 참모본부의 거대한 아치형 통로 밑을 거쳐 겨울궁전(에르미타쥐 미술관)쪽으로 진입하는 것이 가장 감동적이다. 모자이크 바닥모양의 광장 중앙에는 1832년 나폴레옹과의 전쟁에서 이긴 알렉산드로 1세를 기리는 높이 25미터의 화강석 동상이 서 있다. 광장에서는 제정 러시아 시대의 전통의상을 예쁘게 차려 입은 사람들과 함께 기념사진을 찍거나, 마차를 타고 주변 거리를 돌아보면서 옛 정취를 느낄 수 있다.

구 해군성 남측에 자리잡고 있는 성 이삭 St. Isaac 광장은 특이하게 10개의 가로가 만나는 교차점에 위치하고 있지만, 수많은 차량과 보행자들의 흐름이 끊이지 않는다. 광장 한가운데에는 1859년에 세워진 황제 니콜라스 1세의 웅장한 기마동상이 서 있다. 이삭 광장의 주인은 표트르를 기리기 위해 고전주의와 비잔틴양식으로 지어진 성 이삭 성당이다. 성당의 황금색 돔과 101미터 높이의 첨탑이 상트 페테르부르크의 스카이 라인을 지배한다. 성당 꼭대기 전망대에서는 아름다운 거리와 건축물을 파노라믹하게 조망할 수 있다. 성당 외벽에는 112개의 기둥이 세워져 있고, 14,000명을 수용할 수 있는 내부는 화려한 모자이크와 벽화로 장식되어 있다.

18세기 중반에는 섬세한 형태, 밝은 색의 외벽과 창, 화려한 내부장식을 특징으로 하는 이탈리아풍의 건축양식이 도입되었다. 현재 에르미타쥐 미술관으로 이용되고 있는 겨울궁전 Winter Palace 이 그 대표적인 예이다. 세계 4대 미술관의 하나로 손꼽히는 에르미타쥐 미술관에는 미술품 수집광이었던 예카테리나 2세가 1764년부터 10년 간에 걸쳐 서유럽에서 구입한 유명한 작품들이 소장되어 있다. '세계 예술문화유산의 보물창고' 라고 불리는 미술관에는 1,000여 개의 방에 300만 점이 넘는 작품이 전시되어 있어, 한 작품에 1분씩만 감상한다고 해도 약 8년의 긴 시간이 필요하다.

19세기 말에는 한 건물에서도 다양한 건축양식의 요소와 기법, 재료가 섞이는 절충주의가 유행했다. 피의 구세주 사원 Church of Our Savior on

상트 페테르부르크의 스카이 라인을 지배하는 성 이삭 성당

세계 예술문화의 보물창고로 불리우는 에르미타쥐 미술관

Spilled 이 그 좋은 예이다. 모이카샛강과 그리보에도프 운하가 만나는 지점에 위치한 그리스도 부활교회는 양파 모양의 지붕과 외벽에서 실내공간까지 화려한 모자이크로 장식한 러시아풍의 교회로, 모스크바의 성 바실리 사원을 그대로 본 떠 만들어졌다. 도시 서쪽에 위치하고 있는 스몰리 성당 Smolny Cathedral 은 옛날 차르와 귀족의 딸들이 교육받던 건물이자 볼세비키 혁명본부로 사용되었다. 지금은 국립 상트 페테르부르크대학의 캠퍼스로 사용되고 있다. 눈부시게 화려한 세 개의 금빛 첨탑과 흰색의 외부장식은 러시아 근대건축의 우수한 작품성을 말해준다.

네프스키 대로와 그리보에도프 운하의 교차점에 위치한 카잔 성당 Kazan Cathedral 은 19세기 초 성화 「카잔의 성모」를 안치하기 위해 지어졌다. 로마 바티칸의 성 베드로 대성당과 비슷하게 만들라는 황제 바벨 1세의 명령에 따라 94개의 기둥이 반원형으로 대칭되게 배치되어 있다.

다양한 건축양식이 혼합되어 있는 피의 구세주 사원

금빛 첨탑과 외부장식이 눈부시게 화려한 스몰리 성당

네프스키 대로의 북측에는 예술의 광장이 있다. 광장 바로 옆에 서 있는 옛 미하일르프스키 Mikhailovsky 궁전은 사무실이나 주택처럼 보이는 3층의 노란색 건물로, 큰 간판도 없지만 세계 최고 수준을 자랑하는 전통 오페라 극장이다. 1825년에 고대 그리스와 로마 건축양식으로 지어진 이 건물들은 예술의 광장과 함께 건축적 앙상블을 이루고 있다. 예술의 광장 중앙에는 러시아의 국민시인 푸시킨 A. Pushkin 동상이 세워져 있다. 푸시킨은 철학적이고 진보적인 사상을 담은 주옥 같은 문학작품을 남겼다. 그 중에서도 「삶이 그대를 속일지라도」라는 시가 우리에게 가장 잘 알려져 있다.

삶이 그대를 속일지라도 슬퍼하거나 노하지 말라
슬픔의 날을 참고 견디면 기쁨의 날이 오리니
마음은 미래에 살고 현재는 언제나 슬픈 것
모든 것은 순간에 지나가고 지나간 것은 다시 그리워지리니

상트 페테르부르크는 바로크 시대의 특징인 기념비 monument 의 도시이다. 제정 러시아의 수도였을 뿐만 아니라 군사적 거점이었기 때문에 도시가 건설된 당시부터 러시아군의 모든 승리의 영광을 화려하게 기념해왔다. 나폴레옹 군대를 러시아에서 몰아낸 것을 기념하여 만든 드보룻 소바야 광장의 한가운데에 세워져 있는 알렉산드로 원기둥 기념탑, 모스코브스키 대문 등은 막강했던 러시아군의 위용과 사기를 과시한다. 모스코브스키 대로가 끝나는 광장에 설치된 제2차 세계대전 때 레닌그라드의 방어와 봉쇄를 기억하기 위해 만든 「레닌그라드를 방어한 영웅들에게 바쳐진 기념비」가 그 대표적인 예이다.

인류역사상 표트르대제 만큼 자신의 온갖 열정을 도시건설에 바친 정치가는 없었다. 표트르는 52세에 죽었다. 그러나 상트 페테르부르크는 그가 꿈꿨던 대로 러시아의 '유럽으로 열린 창' 으로 계속해서 번창할 것이다. 그가 창조한 도시와 건축예술의 교향악은 전세계를 향해 울려 퍼질 것이며, 그의 이름을 딴 피터 앤 폴 성의 황금빛 첨탑은 영원히 빛날 것이다.

상트 페테르부르크에서 서쪽으로 약 30킬로미터 떨어진 곳에는 러시아의 베르사유 궁전이라 불리우는 페테르고프 **Petérhof** 궁전이 있다. 표트르대제가 당시 러시아와 유럽 최고의 건축가와 예술가를 동원하여 만든 이 여름궁전은 자연풍경을 그대로 살린 외부의 영국풍 정원과 잘 다듬어진 나무와 기하학적 형태를 가진 내부의 프랑스풍 정원의 두 부분으로 구성되어 있다. 궁전 안에 있는 30여 개의 홀과 응접실은 황금색으로 칠해진 샹들리에, 거울, 조각 등으로 화려하게 장식되어 있다.

페테르고프 궁전은 폭포와 분수가 많아 일명 '분수의 궁전' 으로 불리기도 한다. 시원한 물줄기를 뿜어내는 140여 개의 분수 가운데 가장 크고 화려한 것이 넵튠분수이다. 이 분수에서 황금사자의 입을 찢고 있는 삼손은 표트르대제의 러시아를, 사자는 당시 앙숙관계였던 스웨덴을, 그리고 분수 아래의 동물들은 러시아 주변의 나라를 상징한다. 페테르고프 궁전은 '죽기 전에 꼭 가봐야 할 세계건축 1001' 에 선정되어 있다.

폭포와 분수의 궁전으로 불리는 페테르고프 궁전

모스크바의 중심시가지 모습

30 붉은광장의 도시 모스크바 러시아

러시아의 수도 모스크바의 역사는 1156년 유리 돌고루키 왕이 모스크바강을 중심으로 삼각형 모양의 땅에 크렘린 성채를 세우면서 시작되었다. 13세기에는 신흥공화국의 수도로 되었다. 18세기에 수도가 잠시 상트 페테르부르크로 옮겨진 뒤에도 상업 중심도시로 계속 발전하였다. 러시아혁명(1917) 후에 다시 수도가 되었으며, 1991년 이후 러시아 연방 정부의 수도로 발전하고 있다. 모스크바에는 크렘린 궁과 붉은광장, 바실리 성당 등 유명한 역사유적과 볼쇼이 극장을 비롯하여 많은 문화예술 공연장이 있다.

모스크바의 모든 길은 크렘린 Kremlin castle 으로 통한다. 크렘린을 중심으로 마르크스 대로, 크렘린 강변도로, 붉은광장이 시가지를 둘러싸고 있다. 그리고 그 둘레에는 세 개의 환상도로인 가로수길, 정원길, 자동차전용도로가 있다. 가로수길은 중세 이후 모스크바를 지키기 위해 쌓았던 성벽을 제거하고 거기에 넓은 가로수길을 만들면서 생겨난 것이다.

'도시 내부의 성벽' 이라는 뜻을 가진 크렘린은 모스크바강을 따라 한 변이 약 700미터의 삼각형을 이루고, 높이 9~20미터, 두께 4~6미터의 성벽으로 둘러싸여 있다. 성벽 아래에는 230여 개의 무덤이 있는데, 이곳에서는 스탈린과 후르시초프의 흉상도 볼 수 있다. 성내에는 많은 교회당과 수도원, 궁전, 관청, 기념탑 등이 있다. 모스크바의 가장 중앙에 해당되는 높이 100미터의 종탑이 서 있고, 노란색의 화려한 궁전에서는 지금도 대통령이 집무를 보고 있다.

모스크바의 모든 길이 통하는 붉은광장

크렘린 주변에는 러시아 최대의 붉은광장 Red Square 이 있다. '아름다운' 이라는 뜻을 가진 이 광장은 16~17세기에는 주로 노천시장으로 이용되었으나 19세기 말부터 점차 정비되면서 광장으로 바뀌었다. 이름과는 달리 붉지 않은 이 붉은광장은 볼세비키혁명(1917) 이후에도 노동자의 날인 메이데이나 혁명기념행사가 열리는 모스크바의 상징적인 장소이다.

붉은광장에서 멀지 않은 곳에 트레르스카야 Tversicaia 거리가 있다. 이 거리를 따라 모스크바 시청을 비롯하여 푸쉬킨 광장, 트레비 광장, 러시아 극장, 볼쇼이 극장 등 문화시설이 집중되어 있다.

모스크바의 예술과 문화를 상징하는 아르바트 거리 Arbatskaia ulitsa 는 구 아르바트 거리와 신 아르바트 거리로 나눠진다. 구 아르바트 거리는 폭이 겨우 20미터 정도의 좁은 도로이며, 벽면에는 무수히 많은 낙서들이 있다. 파리의 몽마르트 언덕처럼 초상화를 그려주는 거리화가와 그룹형태의 악사들이 낭만적인 예술도시의 분위기를 자아낸다.

세계적으로 유명한 볼쇼이 발레단의 전용극장

다양한 예술적인 분위기로 멋과 낭만이 넘치는 아르바트거리의 모습

붉은광장 남쪽에는 특이한 형태와 화려한 색채 디자인으로 모스크바의 랜드마크가 된 성 바실리 대성당 **St. Basil's Cathedral** 이 있다. 한가운데 있는 높이 64미터의 중앙예배당과 그 주위를 둘러싸고 8개 건물에 양파 모양의 지붕을 얹은 이 성당은 9개의 탑이 대칭이 아니라 제멋대로 솟아 있어서 오히려 불균형의 조화를 자아내고 있다. 1561년에 건축되어 수많은 교회들의 모델이 된 바실리 대성당은 '죽기 전에 꼭 봐야 할 세계건축 1001' 에 선정되어 있다.

성 바실리 성당은 황제 이반 4세가 러시아를 점령하고 있던 몽고군을 항복시킨 것을 기념하기 위해 1560년에 완성하였다. 그런데 잔인했던 이반은 성당이 너무나 아름다워 다시는 이렇게 아름다운 성당을 만들지 못하도록 두 건축가의 눈을 뽑아버렸다는 끔찍한 이야기가 전해지고 있다.

양파 모양의 지붕이 아름다운 성 바실리 대성당

샹들리에와 벽화로 장식되어 있는 화려한 모스크바 지하철역

모스크바의 지하철은 유사시 대피소로 활용하기 위하여 깊이 150미터 이상으로 깊게 건설되었다. 지하철역에는 고풍스러운 샹들리에와 벽화, 조각 등으로 장식되어 있어서 도시의 품격을 높여주고 있다. 그러나 1991년 소비에트연방이 해체된 이후 과거의 공산주의와 현재의 자본주의의 산물이 서로 혼재되어 나타나고 있다.

도심에는 맥도널드 상징물이 마치 모스크바의 상징물처럼 버젓이 서 있고, 베스킨라빈스, 리바이스, 나이키 등 세계적인 메이커의 가게들이 들어서 있다. 그리고 러시아정교를 비롯하여 기독교, 이슬람교와 같은 여러 종교시설들이 함께 자리잡고 있다. 상트 페테르부르크가 차가운 머리를 가진 러시아의 아버지라면, 모스크바는 따뜻한 심장을 가진 러시아의 어머니라고 할 수 있다.

세계에서 가장 높은 부르즈 할리파 타워

31 사막의 신화 두바이 아랍에미리트

두바이는 아랍에미리트의 7개 토후국 가운데 하나로, 20세기 '사막의 신화'로 불리고 있다. 오늘날의 두바이에는 18세기까지 바니 야스부족이 살고 있었으며, 1833년 독립적인 도시국가로 발전하였다. 1980년대 이후 외국자본 유치와 외국인 유입이 활발하게 이루어지면서 국제 금융관광도시로 각광을 받고 있다. 현재 두바이는 세계에서 가장 높은 부르즈 할리파 타워를 비롯하여 기발한 디자인의 호텔, 사무실 등이 지어져 현대건축의 전시장이 되고 있다. 사막 위에 핀 두바이의 꽃은 낮보다 밤에 더욱 화려하게 피어난다.

아랍어로 '작은 메뚜기' 라는 뜻을 가진 두바이는 1966년 석유가 발견되면서부터 획기적으로 발달하였다. 1980년대에는 모든 세금이 면제되는 자유무역지대를 조성하였다. 1990년대 이후 세계 최고층의 빌딩, 인공섬 프로젝트, 세계 최고급의 호텔 등 대규모 도시개발사업이 추진되었고, 독특하게 디자인된 건물들이 우후죽순처럼 들어섰다.

두바이를 대표하는 건물이 바로 그 유명한 부르즈 할리파 Burj Khalifa 이다. 약 800만 평방미터 규모의 복합 테마단지인 인터내셔널에 위치하고 있다. 이 건물은 엘리베이터가 54대나 되며, 높이가 828미터(160층)로 현재 세계 최고의 높이를 자랑하고 있다. 건물 높이의 기록이 당분간은 깨질 것 같지 않은 부르즈 할리파는 우리나라의 S건설이 건축공사에 참여하여 건축기술을 전세계에 과시한 건물이기도 하다.

부르즈 할리파와 함께 두바이를 상징하는 또 하나의 건물이 부르즈 알아랍 Burj Al Arab 호텔이다. 이 건축물은 해변에서 조금 떨어진 조그만 인공

'작은 메뚜기' 라는 뜻을 가진 두바이의 옛 성채

섬 위에 지어졌고, 곡선 모양의 전용 교량을 통해 연결된다. 건물 디자인은 거대한 돛을 형상화하였으며, 건물 내부에 있는 180미터 높이의 아트리움은 세계에서 가장 높은 위치에 있다. 7성급인 이 호텔은 시설의 이용료도 세계 최고인 것으로 알려져 있다.

'사막의 신화' 로 불리는 두바이는 총 150억 달러를 투자하여 만든 야자수 모양의 인공섬 휴양지 팜 아일랜드, 3만 5천 명이 거주하는 최고급 아파트단지 두바이 마리나 Dubai Marina, 세계지도 형태의 인공섬 더 월드The World, 세계 최대규모의 쇼핑센터인 두바이 몰, 그리고 인공 실내스키장 등

세계에서 유일하게 7성급 호텔인 부르즈 알 아랍 호텔

세계 3대 분수쇼의 하나인 두바이 몰의 화려한 분수쇼

수많은 리조트시설을 갖춘 인공 휴양도시이다. 특히 두바이몰에서 30분마다 펼쳐지는 음악에 맞춰 춤추는 웅장하고 화려한 분수쇼가 속시원한 감동을 준다. 두바이 분수는 미국의 라스베이거스 분수, 스페인의 바로셀로나 분수와 함께 세계 3대 분수쇼의 하나로 손꼽힌다. 그리고 수만 마리의 해양생물이 살고 있는 두바이 아쿠아리움은 아크릴 패널로 만든 세계에서 가장 큰 수족관으로 알려져 있다.

두바이강 동쪽의 데이라 Deira 지역에는 아라비아인들이 채소, 황금, 옷감, 향료 등 온갖 물건을 갖다 놓고 파는 전통시장 수크 Souq 가 있다. 이 중에서 가장 유명한 곳이 120여 개의 귀금속상들이 모여 있는 골드 수크이다. 이곳에서는 인디안 골드, 이탈리안 골드, 아랍 골드처럼 고객에 따라 서로 다르게 디자인된 제품을 만들어 팔고 있다.

현재 두바이 인구의 약 절반은 주로 이란·인도·파키스탄 등에서 이주해 온 건설노동자들이다. 이에 따라 민족과 소득계층 간에 나타나는 생활양식의 차이, 두바이 시민과 외국인 노동자 간의 사회적·문화적 격차 문제가 심각하다. 최근에는 자동차의 증가로 인한 교통혼잡과 대기오염이 사회문제로 대두되고 있다. 그래서 세계의 도시전문가들은 '지속가능한 발전' 이라는 관점에서 두바이의 미래를 불안한 눈으로 지켜보고 있다.

머리를 황금으로 화려하게 치장한 세 모녀의 나들이 모습

모스크가 도시경관을 지배하는 사마르칸트의 시가지 모습

32 실크로드의 도시 사마르칸트 우즈베키스탄

중앙아시아의 역사도시 사마르칸트는 수도 타슈켄트에 이어 우즈베키스탄 제2의 도시이다. 2,500년의 역사를 자랑하는 이 도시는 실크로드의 거점이었기 때문에 알렉산더대왕을 비롯하여 징기즈칸, 티무르 등에 의해 정복되었다. 마르코폴로와 현장법사 등 여행가와 구도자들이 오고간 전설의 도시 사마르칸트는 사람뿐만 아니라 동서양의 문화와 무역의 교차로였다. 14세기 티무로시대의 이슬람 건축문화의 진수를 보여주는 정교한 모양과 다양한 색채를 가진 모스크는 유네스코 세계문화유산으로 등재될 정도로 찬란하다.

사마르칸트는 과거 동서양을 연결하는 실크로드의 거점이었다. 1369년에는 강력했던 티무르제국의 수도가 되었다. 티무르 왕의 손자였던 울르그벡 Ulugbek 시대에는 중앙아시아의 이슬람교육은 물론 과학·문화·무역의 중심으로 번영하여, 인구 15만 명의 교육문화도시로 발전하였다.

사마르칸트 심장은 '모래로 덮인 장소'라는 뜻을 지닌 레기스탄 광장 Legistan Square 이다. 6개의 방사선형 가로와 연결된 이 광장은 티무르시대에는 도시의 교역중심이었으나, 세 개의 이슬람교 교육기관 마드라사 Madrasah 가 들어서면서 왕에 대한 알현식이나 공공집회가 열리는 장소가 되었다. 250년의 오랜 세월에 걸쳐 완성된 레기스탄 광장을 중심으로 완벽하게 대칭으로 배치되어 있는 마드라사들의 빛나는 파란색 돔, 공예품처럼 정교한 아라베스크 양식의 벽면, 웅장한 미너렛이 만들어내는 건축적 조화 Legistan Ensemble 는 인도의 타지마할에 비견될 만큼 아름답다. 레기스탄 광장은 우즈베키스탄의 상징이자 사마르칸트의 자존심이다.

비비하늠 모스크 Bibi-Khanum Mosque 는 중앙아시아에서 가장 큰 이슬

인도의 타지마할에 비견되는 레기스탄 광장의 건축적 조화

공예품처럼 정교한 아라베스크양식 문양의 이슬람 사원 벽면

▶중앙아시아에서 가장 큰 비비하늠 모스크
▶▶ '살아 있는 왕' 이라는 뜻을 가진 샤히진다 영묘

람사원으로, 티무르가 가장 사랑했던 '비비하늠' 을 위해 1399년에 만들었다. 130×102미터 크기의 부지 위에 여러 건물로 이루어진 이 사원은 70미터 높이의 미너렛이 모스크 입구를 장식하고 있다. 에나멜로 컬러풀하게 채색된 벽돌로 지어진 모스크를 짓는 과정에서 서로 사랑을 나눈 비비하늠 왕비와 아랍 건축가가 티무르 왕에 의해 모두 목숨을 잃었다고 한다.

도시 북동쪽에는 샤히진다 영묘 Shakhi-Zinda Ensemble 가 자리잡고 있다. '살아 있는 왕' 이라는 뜻을 가지고 있는 이 영묘는 이슬람의 종교지도자와 순교자를 비롯하여 티무르 왕족이 묻혀 있어 사마르칸트 제일의 성지로 손꼽힌다. 입구를 지나면 천국으로 가는 계단이 있다. 이곳은 병의 치료와 행복을 기원하는 무슬림들이 줄을 지어 방문하는 신성한 장소이다.

아프로샤프 박물관에는 다양한 역사유물이 전시되어 있다. 이곳에는 7세기 바흐만 왕의 즉위식에 사마르칸트를 방문한 외국사절단의 모습을 그린 벽화가 있다. 벽화 속에는 새의 깃털로 만든 모자 鳥羽冠 를 쓴 고구려 사신으로 추정되는 모습이 있어, 삼국시대부터 우리나라와 우즈베키스탄 간에 문화교류가 있었음을 말해주고 있다.

미너렛이 도시의 스카이라인을 지배하는 올드델리의 시가지 모습

33 두 얼굴의 도시 델리 인도

인도의 수도 델리는 크게 올드델리와 뉴델리로 구분된다. 올드델리는 무굴제국의 후마윤 Humayun 왕의 통치를 받던 6~18세기에 수도로 번영하여 당시의 수많은 역사유적이 남아 있다. 뉴델리는 인도를 통치하던 영국이 수도를 콜카타에서 델리로 옮기면서 새롭게 개발한 신행정수도로써, 바로크시대의 도시형태와 건축양식을 가지고 있다. 델리의 매력은 과거에 형성된 무질서한 형태의 구시가지와, 근대 이후에 형성된 기하학적 형태의 신시가지 공간문화를 모두 가진 두 얼굴의 도시라는 점이다.

델리는 인도의 중앙에 위치하여 지정학적으로 중요했기 때문에 여러 왕조에 걸쳐 7개의 도시가 이곳에서 생겨나고 사라졌다. 첫째 도시는 10세기에 만들어진 킬라라이 Quilao 로, 뉴델리 남쪽으로 꾸둡 미나르가 남아 있다. 마지막 도시는 올드델리 지역으로, 17세기에 건축된 레드 포트가 있다.

이슬람 교도들이 승전을 기념하여 12세기 말에 세운 꾸둡 미나르 Qutab Minar는 붉은 사암과 대리석으로 건축된 인도에서 가장 높은 이슬람식 첨탑이다. 높이 72.5미터에 꼭대기까지 326개의 계단이 있는 유서 깊은 탑이지만 탑에 들어가는 것은 금지되어 있고 밖에서 보는 것만 허용된다.

꾸둡 미나르 첨탑 바로 옆에는 대략 5세기에 만들어진 것으로 알려진 높이 7미터의 검은색 철기둥이 있다. 겉으로 보기에는 별다른 특징이 없어 보이지만 유네스코 세계문화유산에 등재되어 있다고 한다. 이 철기둥은 약 1500년 동안 비바람 속에서도 전혀 녹슬지 않아 수많은 여행자와 과학자들이 이 철기둥을 보기 위해 찾아온다.

레드 포트 Red Port 는 17세기에 황제 샤자한이 건설한 왕궁이다. 왕궁의 면적은 약 100만 평방미터로 무굴제국 건축미의 절정을 보여준다. 라호르

▶ 이슬람의 승전을 기념하여 세운 꾸둡 미나르 내의 첨탑
▶▶ 1500년 동안 녹슬지 않은 철기둥

▶▶ 꾸둡 미나르의 건물유적

17세기 무굴제국 건축미의 절정을 보여주는 레드 포트

게이트 Lahore Gate 라고 불리는 레드 포트의 정문은 1947년 영국의 시민통치에서 해방된 날 인도의 국기가 펄럭인 역사적인 공간이다.

1840년 초 바하올라에 의해 이란에서 시작되어 1844년 인도로 들어온 바하이 Bahai 교는 모든 종교를 넓은 가슴으로 품는다. 이슬람교의 한 분파로 창시된 바하이는 이슬람교의 성전을 거부하고 평화를 가장 큰 가치로 여긴다. 바하이 사원은 미국·호주·독일·이스라엘 등 여러 나라에도 있지만 델리에 있는 바하이 사원이 가장 아름답다고 한다. 건물의 형태는 인도의 국화인 연꽃의 9개 꽃잎이 3층으로 겹처져 총 27개의 연꽃잎이 정갈하게 모여 있다. 바하이 사원은 다른 종교건물과는 달리 신을 묘사하는 조각, 그림, 글씨는 물론 제단도 없다. 신분이나 종교와 상관없이 오직 자신이 믿는 신에게 기도하고 명상하는 아주 신비로운 공간이다.

인디아 게이트 India Gate 는 파리의 개선문을 본떠 1931년에 지어진 건축물이다. 이 기념비는 1차 세계대전에서 희생된 9만 명의 인도인들을 위한

인도의 국화인 연꽃 모양의 바하이 사원

파리의 개선문을 본떠 만든 인디아 게이트

성스러운 갠지스강에서 새벽기도하는 힌두교인들의 모습

높이 42미터의 웅장한 위령탑이다. 밤에는 은은한 황금빛 조명을 밝혀 건축물이 더욱 돋보인다. 인근에는 대통령궁, 국회의사당, 정부청사 등의 공공기관들이 자리잡고 있다.

1911년 영국 건축가 루티엔스 E. Lutyens 에 의해 계획된 뉴델리는 바로크 양식의 도시디자인을 대표하는 워싱턴 D.C.와 비슷하게 동서로 뻗은 길이 2마일의 왕의 길 King's Way 을 중심축으로 하여 직선의 가로와 다양한 형태의 광장이 대칭으로 배치되었다. 그러나 당시에 지어진 총독관저, 국회

뉴델리의 상업중심지구 코노트 플레이스

사람과 소, 오토바이, 자전거, 자동차가 공존하는 델리의 거리 풍경

의사당 등의 건축양식은 서양의 바로크양식과 동양의 무굴양식을 접목한 퓨전스타일이었다. 수도를 올드델리에서 뉴델리로 이전하면서 새롭게 만든 지역 중 하나가 도너츠 모양의 코노트 플레이스 Connaught Place 이다. 올드델리의 철도역 부근에 건설된 이 상업중심 지구는 도시의 주요기능과 간선도로에 의해 연결된다. 코노트 플레이스 근처의 만디 하우스 Mandi House 지역은 미술·음악·무용 등 예술 관련 학교와 갤러리·극장 등이 밀집해 있어 인도의 전통문화와 예술을 접할 수 있는 곳이다.

사람과 자동차가 뒤섞인 뉴델리의 무질서한 도로 모습

1980년대 이후 급속한 도시화 과정을 겪고 있는 델리는 빈민가와 슬럼 문제, 교통체증, 환경오염 등 도시문제가 심각하다. 그런데 대기오염 요인 중 가장 큰 비중을 차지하는 것이 자동차와 오토릭샤, 그리고 오토바이라고 한다.

21세기 이후 인도는 10억 명 이상의 인구와 외부의 문물을 자신들의 것으로 승화시켰던 오랜 전통을 바탕으로 하는 최고 수준의 IT기술로 세계의 이목을 집중시키고 있다. 앞으로 델리는 그 역사성과 문화적 다양성의 가치를 발현시킴으로써 세계적인 거대도시로 발전할 것으로 예상된다. 그럼에도 불구하고 수 천 년간 인도 사람들의 일상생활에 지대한 영향을 미쳐온 카스트제도에 기인하는 극심한 사회계층의 분화에 따른 경제 및 생활환경의 격차를 해소하고 차별없는 도시공간 및 건축문화를 만드는 데는 앞으로 상당한 시간이 필요할 것으로 보인다.

스와얌부나트 사원에서 본 카트만두의 시가지 전경

34 삶과 죽음이 공존하는 도시 카트만두 네팔

네팔의 수도 카트만두는 해발 1,281미터의 고지대에 위치하고 있다. 도시는 7세기경에 건설된 것으로 추정되지만, 정치·문화의 중심지로 크게 발전한 것은 14세기 말라 Mallas 왕조가 등장하면서부터이다. 카트만두는 인도와 티베트 두 나라 간의 무역로로서 매우 중요하였기 때문에 힌두교와 불교문화를 바탕으로 하는 왕궁, 광장, 사원, 탑 등 목조건축 유적이 남아 있다. 구시가지의 대부분은 유네스코 세계문화유산으로 등재되어 있다. 히말라야를 등반하는 산악인들은 카트만두를 거쳐간다.

14세기경 말라 왕조의 도시국가였던 카트만두의 숨겨진 역사지구 파탄 Patan 거리는 바그마티강의 북편에 위치한다. 파탄의 중심에 위치하고 있는 더르바르 Durbar 광장에는 옛 왕궁과 사원, 수많은 석탑이 원형 그대로 보존되어 있다. 규모는 작지만 건축적 완성도는 매우 뛰어나다. 더르바르 사원들은 16~18세기에 만들어진 것이지만, 대부분 목조로 지어졌기 때문에 실제보다 훨씬 오래된 느낌을 준다.

더르바르 광장 남쪽에 있는 목조사원에는 인간의 몸을 빌어 카트만두 왕국에 내려온 여신 탈레주의 화신으로 여겨지는 '쿠마리 Kumari' 살고 있다. 3~5세에 선택되는 쿠마리는 눈과 머리카락이 새까맣고 몸에 흉터가 없어야 한다. 종교행사 때에는 국왕도 그녀 앞에 무릎꿇고 복을 구한다. 쿠마리는 몸에서 피가 나거나 생리를 시작하게 되면 집으로 돌아가야 한다.

신의 도시 카트만두에서 가장 신성시 여겨지는 곳은 갠지스강의 지류인 바그마티 강변에 위치한 파슈파티나트 Pashupatinath 사원이다. 이 힌두사원 앞에는 화장터가 있어서 영겁의 세월이 흐르는 동안 죽은 자들을 윤회로

카트만두의 숨겨진 보물이며 과거와 현재가 공존하는 파탄거리

되돌리는 하얀 연기가 뭉글뭉글 피어 오른다. 힌두교인들에게 이 사원은 죽은 몸이라도 가고 싶은 최고의 성지이다. 이곳에서 시신을 화장하면 윤회를 벗어나 해탈에 이를 수 있다고 믿기 때문이다. 동네 어린애들은 화장 후 하천에 던져진 동전 줍기에 바쁘다.

파슈파티나트 사원에서 북동쪽으로 1.5킬로미터 정도 떨어진 곳에는 티벳불교에서 가장 큰 비중을 차지하는 보드나트 스투파 **Boudhnath Stupa** 가 있다. 기단 높이 3.6미터, 탑 높이 38미터로 세계에서 가장 큰 이 스투파에는 4면에 거대한 눈이 그려져 있다. 네팔 사람들이 '지혜의 눈' 으로 부르고 있는 이 눈은 묘한 시선으로 사람들을 응시한다. 지혜의 눈은 만물을 바라보는 부처의 눈으로, 모든 번뇌에서 해방되는 해탈의 경지를 의미하며, 그 눈으로는 보이지 않는 것이 없다고 한다.

◀ 카트만두 최고의 성지 파슈파티나트 사원과 화장터
◀◀ 네팔의 건축특성이 나타나는 더르바르 사원의 목조각

◀ 보드나트 사원의 스투파와 탑돌이하는 모습

역사문화적 가치를 지닌 목조건축의 불교사원

이 탑은 우주를 구성하는 다섯 가지 하늘·땅·물·불·바람을 상징한다. 해질녘이면 주로 나라를 잃은 티베트 난민들이 모여 시계방향으로 탑돌이 하는 모습을 볼 수 있다. 스투파를 둘러싼 30여 개의 사원에서는 불교강좌를 비롯하여 외국인들을 위한 명상코스가 운영되고 있다.

네팔에서 가장 오래된 스와얌부나트 Swayambunath 사원은 네팔 불교의 성지이다. 스와얌부나트란 '스스로 존재함' 을 의미하는데, 이 사원은 붓다가 태어난 룸비니 Lumbini 다음으로 신성시되고 있어 순례자들의 발길이 끊이지 않는다. 이곳은 원숭이가 많아 몽키 템플로 불리기도 한다.

카투만두는 경제적으로 낙후되어 있어 공항·도로·상하수도 등 도시인프라가 매우 열악하다. 지난 2015년 4월에는 지진이 발생하여 수많은 사상자가 발생했다. 그리고 유네스코 세계문화유산으로 등재되어 있던 62미터 높이의 다라하라 Dharahara 타워가 무너지고 역사문화적 가치가 있는 상당수의 목조주택과 사원들이 소실되었다. 복구에는 약 10억 달러가 필요하지만, 네팔정부는 재정이 너무 빈약하기 때문에 국제기구의 도움없이는 세계적인 역사유산을 복원할 수 없다고 한다.

세계 젊은 여행자들의 천국 카오산 거리

35 왕의 도시 방콕 태국

방콕은 1782년 타이 왕조를 세운 라마 1세가 이곳을 수도로 정하면서 태어났다. 태국은 한 번도 서양의 식민통치를 받지 않았기 때문에 방콕에는 옛 거리, 오래된 수상가옥, 화려한 지붕을 가진 왕궁과 사원 등 고유의 도시와 건축문화가 그대로 남아 있다. 서양사람들이 아시아에서 가장 인상적인 도시로 기억할 만큼, 볼거리가 풍부하고 사람들이 여유로워 세계의 젊은이들이 찾아온다. 방콕에는 왕궁과 사원은 물론 주요 거리에도 국왕의 대형 사진이 셀 수도 없이 많이 걸려 있다. 그래서 방콕은 왕의 도시이다.

14세기부터 시작된 아유타야 왕조는 18세기 말 버마의 침공으로 멸망했다. 그후 탁신이 버마와의 전쟁에서 승리하면서 짜오프라야강 서쪽 톤부리 Thon Buri 지역에 새로운 수도를 건설했다. 탁신에 이어 새로운 왕이 된 라마 1세는 타이 왕조를 탄생시키면서 강 동쪽의 라따나 꼬신 Ratana Kosin 지역으로 천도하고 도시의 이름을 방콕으로 지었다. 방콕의 공식적인 명칭은 태국어로 끄룽텝 Krung Thep 으로 미국 로스엔젤레스처럼 '천사의 도시' 라는 뜻을 담고 있다.

라따나 꼬신 지역은 짜오프라야강 Menam Chao Phraya 과 운하로 둘러싸고, 주변에 요새를 만들어 외부침입에 대비하도록 계획되었다. 지금도 당시 만들어진 요새, 거리, 성벽, 왕궁, 사원, 불교대학 등 옛 유적들이 남아 있어 과거의 도시형태를 어느 정도 짐작할 수 있다. 처음 도시를 만들 때는 14개의 요새가 있었지만, 지금은 프라쑤멘 요새 Phra Sumen 와 마하깐 요새 두 개만 시민공원으로 조성되어 있다.

짜오프라야 강변의 프라쑤멘 요새

'도시의 배꼽' 이라는 뜻을 가진 락 므앙

태국에서는 왕에 의해 도시가 태어난다. 새로운 도시를 건설하기 위해 가장 먼저 하는 일은 왕이 그 도시의 번영과 평화를 기원하며 락 므앙 Lak Muang 을 세우기 때문이다. 락 므앙 사원에는 도시의 배꼽 또는 도시의 기둥이라는 뜻을 가진 락 므앙 두 개가 나란히 서 있다. 그중 높은 것은 약 4미터 크기로 라마 1세가 세웠고, 다른 하나는 라마 4세가 세운 것이다. 락 므앙은 불교를 상징하는 연꽃 모양으로 다른 사원과 마찬가지로 아침부터 순례자들이 꽃과 향을 바치며 안녕과 행운을 기원한다.

지난 240여 년 동안 태국의 영광과 굴곡이 담긴 역사적인 장소가 왕궁 Grand Palace 과 왕실사원 왓 프라깨우 Wat Phra Kaew 이다. 특히 1790년에 지은 두씻 마하 쁘라삿 Dusit Maha Prasat 홀은 라따나 꼬신 시대의 건축양식을 잘 반영하고 있다. 태국의 왕궁과 사원에서 나타나는 전통건축의 조형적 특징은 지붕에 있다. +자형 건물의 중앙부로 갈수록 높아지는 급경사

지붕이 화려한 라따나 꼬신 시대 건축양식의 왕궁

지붕과 첨탑, 주황색·청록색·남색 등 강렬한 기와의 색채, 용마루의 양끝에 장식된 날렵한 모양의 치미鴟尾는 화려하고 신비롭다. 태국의 전통건축에서 치미는 '가루다' 라고 한다. 이것은 인도의 신화에 나오는 상상속의 새로, 인간의 몸체에 독수리의 머리와 부리·날개·다리를 가진 형상이다. 태국과 인도네시아에서는 가루다를 국가의 문장으로 사용하고 있다.

태국의 근대화에 가장 큰 업적을 세운 라마 5세는 20세기 초 유럽을 순방한 후 왕궁의 서북쪽 두싯지역에 두싯궁전정원 Dusit Garden 을 조성하고, 그 안에 유럽의 도시계획과 건축을 모방하여 왕궁을 만들었다. 그 중 가장 잘 알려진 것이 1925년 완공된 아난따 사마꼼궁전 Ananta Samakom Palace 이다. 이 궁전은 이탈리아 건축가가 설계하여 대리석으로 지은 르네상스 양식의 좌우대칭 건물로, 중앙부의 돔과 아치형 창이 영락없는 유럽 왕궁의 모습이다. 지금은 주로 외국 귀빈을 맞이하는 접견실로 사용되고 있는 궁전 앞 광장에는 라마 5세의 기마동상이 우뚝서 있다.

아난따 사마꼼 궁전과 라마 5세의 기마동상

랏차담넌 거리에 걸려 있는 대형의 국왕사진들

방콕은 도시의 경관도 왕이 지배한다. 왕궁과 두싯궁전정원을 연결하는 랏차담넌 Ratchadamnoen 거리는 '왕이 행차한다'는 뜻을 지니고 있다. 8차선 도로의 중앙분리대에는 약 100미터 간격으로 국왕의 대형 사진이 세워져 있고, 사진 앞에는 공작새와 꽃으로 장식된 제단이 있다. 주요 거리, 건물, 공원 등 눈에 잘 띄는 장소에는 반드시 왕의 사진이 걸려 있다.

태국은 국민의 약 93퍼센트가 불교신자이다. 전국에 24,000여 개의 불교사원이 있어서 건축양식도 불교의 영향을 많이 받는다. 불교사원에서는 태국 전통문화의 특성이 담겨 있는 회화·조각·건축을 한눈에 감상할 수 있다. 차오프라야강 서쪽의 톤부리지역에 위치하고 있는 웅장한 왓 아룬 Wat Arun 사원은 라마 4세 때 지어졌다. 사원 가운데에 우뚝 솟아있는 연꽃봉우리 모양의 탑은 높이가 86미터로, 고대 인도의 우주관에서 세계의 중심이라 믿었던 상상속의 수미산을 상징한다고 한다. 새벽에 햇빛을 받으면 형형색색의 도자기 장식이 아름다워 '새벽사원'이라고 불리기도 한다.

차오프라야강의 건너편에서 바라 본 왓 아룬 사원의 야경

라마 1세가 방콕을 수도로 정하며 왕궁 안에 세운 왕실전용 왓 프라깨우 Wat Phra Kaew 사원은 에메랄드 사원으로 불린다. 대법전 Bot 에 모셔져 있는 '프라깨우' 라는 불상이 벽옥으로 만들어져 푸르게 빛나기 때문이다. 불상은 높이가 66센티미터에 불과하지만, 이 나라에서는 가장 신성시된다. 사원의 내부에는 1,900미터에 이르는 방대한 크기의 벽화가 그려져 있다. 178개 장면으로 구분된 이 벽화에는 세계에서 가장 긴 힌두 대서사시로 유명한 '라마야나 Ramayana' 의 주요 장면이 묘사되어 있다. 에메랄드 사원 내의 쩨디 Chedi 라는 종 모양의 황금색 탑 안에는 부처의 사리가 안치되어 있다고 한다. 쩨디 탑 옆의 화려한 은색 모자이크로 장식된 건물은 왕실도서관으로 쓰이던 프라몬돕 Phra Mondop 이다.

방콕에서 가장 오래된 사원 중 하나가 왓포 Wat Pho 사원이다. 사원의 백미는 본당에 모셔진 길이 46미터에 높이 15미터에 달하는 웅장한 와불상

왓 프라깨우 사원의 대법전과 지붕 위의 가루다

부처의 사리가 안치되어 있는 쩨디 탑

이다. 폭 5미터 높이 3미터에 이르는 거대한 발바닥은 정교한 자개로 장식되어 있다. 이것은 삼라만상을 의미한다고 한다.

태국에는 18만 명 이상의 승려가 있다. 남자들은 일생에 한 번은 승적을 보유하는 것이 관행이다. 태국에서 불상과 승려는 신성한 존재로서 숭앙을 받으며, 일반적인 가정·사무실·상점에도 불상을 모셔 놓을 정도로 불심이 지극하다. 태국 사회 전반에 흐르고 권위에 대한 절대 복종, 동물 숭배, 조용한 거리분위기도 불교문화에서 유래되었다. 거리나 공원 같은 공공장소에서는 큰소리를 내고 싸우거나 남녀 간에 진한 애정표현을 하는 것도 금기시되어 있다고 한다.

방람푸지역의 카오산 Khaosan 거리에서는 매일 밤마다 축제가 펼쳐진다. 폭 10여 미터에 길이 350미터에 불과한 작은 거리지만, 저녁무렵부터는 전세계에서 온 젊은 여행자들이 자유로움을 만끽한다. 아주 값싼 숙소, 기념품가게, 여행용품가게, 옷가게, 노천 카페, 바 등이 빼곡히 들어서 있다. 사람들은 길거리에 앉아 간식을 먹고, 헤나와 초상화를 그리며, 맥주병을 들고 배회하면서 밤새도록 자유를 즐긴다. 방콕의 주인은 국왕이지만, 카오산의 주인은 세계의 젊은 여행자들이다.

1960년대부터 조성된 시암스퀘어 지역은 방콕의 새로운 도심으로 첨단 유행을 선도하는 핫 플레이스이다. 특히 방콕지상철도 BTS 환승역 주변은 최고급의 호텔, 레스토랑, 백화점, 이벤트광장, 야시장이 활기를 띤다. 이 지역이 이렇게 활성화된 것은 태국 최고의 명문대학 쭐라롱껀대학이 인접해 있고, 여러 개의 대형 쇼핑몰들이 한 건물처럼 연결되어 있으며, 특히 스카이 워크를 통해 안전하고 편리하게 접근할 수 있기 때문이다.

2009년에 오픈한 방콕예술문화센터 BACC 는 연면적 약 25,000제곱미터에 9층의 복합건물이다. 1~6층에는 도서관·스튜디오·상설전시관·공연장·카페·기념품점 등이 있다. 7~9층에는 주로 태국의 젊은 아티스트들의 회화·사진·설치미술·조각작품 등이 전시되어 있는데, 마치 뉴욕의 구겐하임미술관처럼 보행동선이 나선형으로 디자인되어 있어서 돌아올라가며

방콕예술문화센터 (BACC)의 나선형 전시공간

자유로운 분위기 속에서 작품을 감상할 수 있다.

방콕은 한때 동양의 베니스라고 불릴 만큼 수상교통이 발달했다. 지금도 차오프라야 강에는 수상버스, 수상택시, 관광용 보트 등 다양한 수상교통수단들이 운행되고 있다. 하지만 도심의 주요 도로는 자동차의 평균속도가 시속 10킬로미터 이하일 정도로 교통이 혼잡하다. 그래서 도심에서는 뒷좌석에 두 명이 탈 수 있는 뚝뚝이라는 조그만 3륜차와 좁은 골목을 거쳐 집까지 데려다주는 오토바이가 편리하게 이용된다. 방콕은 세계에서 가장 다양한 교통문화를 체험할 수 있는 재미있는 도시이다.

방콕은 전통적으로 거리문화가 잘 발달되어 있다. 넓은 대로에서도 간단한 간식은 물론 즉석에서 만들어주는 커피나 과일주스를 사먹을 수 있다. 심지어 밤에는 발맛사지도 받을 수 있다. 이러한 가로공간에 공공미술·음악·공연 같은 예술활동을 펼칠만한 장소가 제공된다면 지금보다 훨씬 더 재미있는 거리문화가 연출될 것으로 보인다.

다양한 종교문화가 공존하는 쿠알라룸푸르의 시가지 모습

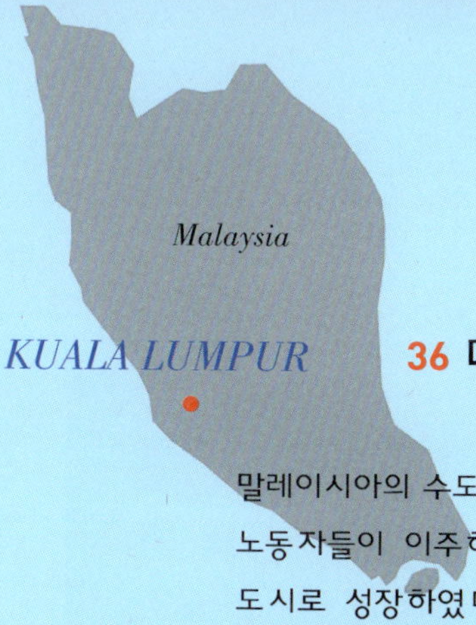

36 다민족을 품은 도시 쿠알라룸푸르 말레이시아

말레이시아의 수도 쿠알라룸푸르는 오랫동안 이슬람의 지배를 받아왔다. 19세기 후반 중국 노동자들이 이주하면서 근대도시로 발전하였고, 1957년 영국으로부터 독립한 뒤 국제도시로 성장하였다. 쿠알라룸푸르는 매우 다양한 민족으로 구성되어 있다. 이에 따라 중국의 불교와 도교, 말레이의 전통문화, 이슬람문화, 인도의 힌두문화, 영국의 유럽문화가 공존하고 있다. 그래서 왕궁·중앙역사·국립이슬람사원 같은 이슬람양식의 전통건축과 현대적인 고층빌딩이 서로 조화를 이루는 독특한 도시경관을 연출하고 있다.

쿠알라룸푸르는 영국 식민지배하에서는 별다른 주목을 받지 못했으며, 1957년 말레이시아가 독립된 후 국가의 중요한 도시로 부상하게 되었다. 쿠알라룸푸르는 역사가 그리 길지는 않지만, 여러 민족과 종교가 만들어낸 다양한 문화가 공존하는 도시이다.

도심에는 영국 식민시대에 건설된 크기 8.2만 평방미터의 메르데카 **Merdeka** 광장이 있다. 광장 주위에는 정부기관, 셀랑고르 클럽, 성 마리아 교회, 우체국 등 주요 공공시설이 자리잡고 있다. 영국적인 화려함을 보여주는 이 광장은 잔디밭으로 되어 있어 중요한 국가적 전통행사나 시민휴식을 위한 공공장소로써의 역할을 하고 있다.

말레이시아어로 독립을 뜻하는 마르데카 광장에는 세계에서 가장 높은 100미터 높이의 국기게양대에 말레이시아 국기가 걸려 있다. 푸른 잔디가 깔려 있고 거대한 야자수로 둘러싸여 있는 메르데카 광장의 풍경은 열대도시의 자연 속에 와있음을 실감하게 한다.

쿠알라룸푸르의 중심 메르데카 광장

메르데카 광장 주변의 술탄 압둘 사마드 빌딩과 관청지구

술탄 압둘 사마드 Sultan Abdul Samad 빌딩은 메르데카 광장의 바로 옆에 있는 독특한 건축양식의 유서깊은 건축물이다. 1897년에 지어진 이 빌딩은 과거 행정기관이었으며, 현재는 국립섬유박물관으로 사용되고 있다. 40미터 높이의 시계탑과 햇빛을 받으면 우아하게 빛나는 구리로 만든 돔이 덮여 있는 이 건물은 새해를 맞는 신성한 의식이나 독립기념일의 시가행진을 할 때에는 멋진 배경의 역할을 한다.

도심 중에서도 핵심이라 할 수 있는 부킷 빈탕 Bukit Bingtang 거리에서는 최신 패션 브랜드와 명품 컬렉션, 보석, 액세서리, 화장품, 전자제품부터 말레이시아의 전통 수공예품까지 다채로운 제품을 팔고 있다. 쿠알라룸푸르에서 가장 많은 인파가 모이는 이 거리는 시민들의 생생한 쇼핑문화가 한눈에 볼 수 있는 삶의 현장이다.

국립 모스크 National Mosque 는 말레이시아인들의 정신적 지주 역할을

말레이시아 인들의 정신적 지주 역할을 하는 국립 모스크

하는 회교사원으로, 이슬람 전통의 예술이나 서예, 장식 등을 우아하게 표현한 디자인이 돋보인다. 모스크의 형태는 우산을 여러 번 접은 것 같은 모양인데, 이것은 말레이시아의 독립정신을 나타내는 상징이다.

쿠알라룸푸르의 모습을 보면, 다양한 종교와 민족으로 구성되어 있는 곳이 어떻게 반목과 갈등을 극복하고 번영을 이룰 수 있었는가에 관심이 간다. 복잡한 민족·인종·종교 간의 대립과 갈등구조가 늘 말레이시아 성장의 걸림돌이 되었기 때문이다. 말레이시아 정부는 이러한 갈등을 봉합하기 위해 이슬람문화를 강조하였다. 이슬람사원의 첨탑에서 모티브를 얻어 디자인된 대표적인 건물이 바로 오늘날 쿠알라룸푸르의 랜드마크인 페트로나스 트윈타워 Petronas Twin Tower 이다.

이 쌍둥이 빌딩에는 KLCC라는 거대한 쇼핑센터가 자리잡고 있다. 1998년에 완공된 이 건물은 452미터 높이(89층)로 한동안 세계에서 가장 높은 건물이었다. 건물의 41층에는 두 빌딩을 연결해주는 오버 브리지가 있는데, TV로 생중계하는 가운데 우리나라의 S건설회사가 시공한 것이다. KLCC 주변은 아름다운 호수와 산책로, 휴식공간이 잘 조성되어 있고, 매일 밤 분수쇼가 펼쳐져 시민들과 여행자들로 항상 북적거린다.

쿠알라룸푸르의 아이콘 KLCC의 페트로나스 트윈 타워

동남아의 다른 대도시들과는 달리 쿠알라룸푸르에는 복잡한 도로교통 문제를 완화하기 위하여 KL모노레일이 운행되고 있다. 도심인 부킷빈탕을 비롯하여 11개 역을 공중으로 연결하는 모노레일은 페트로나스 트윈 타워와 함께 쿠알라룸푸르의 아이콘이다. 문화공간이 부족한 이곳에서 모노레일역은 시민들의 사교장이자 휴식처 역할을 한다.

20세기 말 말레이시아는 '정보화' 라는 국제적 흐름에 합류하려는 국가 비전에 따라 쿠알라룸푸르에서 약 20분 거리에 신도시 푸트라자야 Putrajaya 를 건설하였다. 우리나라의 세종시와 함께 신행정수도로는 세계에서 가장 최근에 개발된 푸트라자야는 첨단 정보통신기술 ITC 을 활용하여 도시의 기능을 효율화한 똑똑한 도시, 이른바 스마트 시티 Smart City 를 목표로 삼고 있다. 그러나 영국 사회학자 리처드 세넷 R. Sennett 이 말했듯이 너무 똑똑한 도시는 인간을 멍청하게 만들고, 감성을 메마르게 하며, 결국 개인적인 삶의 자율성을 감소시키게 될 것이다.

말레이시아의 신행정수도 푸트라자야의 상징 푸트라 광장

싱가포르의 중심시가지 모습

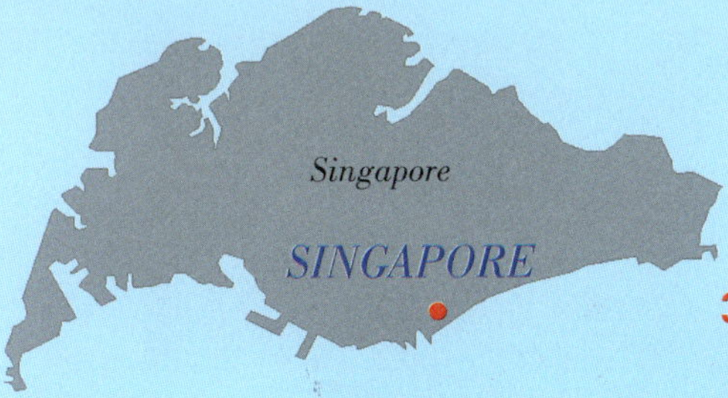

37 동남아의 허브 도시 싱가포르 싱가포르

말레이 반도의 남쪽 끝에 위치하고 있는 싱가포르는 1819년 영국이 이곳을 국제무역항으로 개발하면서부터 크게 성장하였다. 2차 세계대전 중에는 일본에 점령되었다가 종전 후 국가로 독립되었지만, 자연자원이 부족하고 정치적으로 불안했다. 그러나 1965년 리콴유 수상이 집권하면서 산업화가 성공적으로 진행됨에 따라 오늘날 동남아시아에서 가장 잘 사는 도시가 되었다. 싱가포르의 질서있는 시민의식, 편리한 대중교통, 그리고 깨끗하고 아름다운 도시환경은 세계 최고수준을 자랑한다.

싱가포르는 1960년대 이후 좁은 국토를 확장하기 위해 간척사업을 지속적으로 추진해 왔다. 영국의 유럽문화와 아시아의 전통문화가 조화를 이루고 있는 구시가지는 싱가포르의 발상지이자 정치·행정의 중심지로써 중후한 품위를 간직하고 있다. 그리고 역사는 그리 길지 않지만 전통문화를 보존·활용하여 나름의 역사도시 분위기를 느낄 수 있다.

고딕양식의 영국 스타일의 세인트 앤드류스 성당 St. Andrew's Cathedral 이 백옥같이 뽀얀 자태를 뽐내며 도심 한가운데 자리잡고 있다. 앤드류스 거리에는 싱가포르 현대사의 중요한 순간을 함께 해온 유럽풍의 두 건물이 보인다. 하나는 코린트양식의 열주가 뻗어 있는 시청이고, 또 하나는 돔지붕이 인상적인 구 대법원이다. 시청 건물은 제2차 세계대전에서 패망한 일본군이 항복문서에 서명하고, 1965년에는 리콴유 전 수상이 말레이시아 연방으로부터의 독립을 전세계에 알렸던 의미있는 장소이다.

싱가포르의 역사적 자부심을 나타내는 국립박물관은 1823년에 래플스경 Sir. Standford Raffles 이 설립한 사립학교의 도서관을 2006년에 리노베이션한 건물이다. 전시실은 싱가포르의 역사를 자세히 설명한 역사관과 의식주의 변천과정을 소개하는 생활관으로 나누어져 있다.

싱가포르의 근대역사를
대변하는 유럽풍의 건축물
시청시와 구 대법원

아시아 최고의 쇼핑 메카 오차드 거리

싱가포르의 풍요로움은 도심의 오차드 거리 Ochard Road 에서 생생하게 느낄 수 있다. 약 2.4킬로미터의 거리에는 수많은 쇼핑센터와 고소득층을 위한 부티크, 최고급 호텔, 다양한 레스토랑과 휴식공간들이 조성되어 있어서, 이미 아시아 최고의 쇼핑메카로 자리매김하게 되었다. 특히 초록색 기와지붕이 독특한 중국계 백화점인 탕스 Tangs, 유럽의 명품들을 원스톱 쇼핑할 수 있는 다카시마야 쇼핑센터 등이 유명하다.

싱가포르강의 남쪽 어귀에 위치한 차이나타운 근처의 맥스웰 거리에는 도시재개발청 내에 마련된 시티갤러리가 있다. 이곳에 전시되어 있는 싱가포르의 도시계획 청사진을 보면 미래의 도시공간을 얼마나 치밀하게 개발하고 관리하는지 감탄하게 된다.

싱가포르강이 중심을 이루고 있는 마리나베이 해안의 마리나 & 리버사이드 Marina & Riverside 지역은 싱가포르 여행의 하이라이트이다. 이곳에는 싱가포르를 상징하는 머라이언상, 복합문화공간인 에스플러네이드, 초대

싱가포르 공연문화예술의 중심 에스플러네이드, 일명 두리안 빌딩

형 관람차인 싱가포르 플라이어 같은 각종 랜드마크가 위치하고 있어 여행의 즐거움과 화려한 야경을 제공해준다.

싱가포르 정부는 1990년 이후의 동서양을 아우를 수 있는 문화와 예술의 중심으로 만들기 위한 도시정책을 펼쳐 왔다. 그 성과 중의 하나가 2002년 10월에 오픈한 에스플러네이드 The Esplanade 이다. 건축 디자인은 시드니의 오페라 하우스를 롤 모델로 하였다. 오페라 하우스가 바다 위의 돛단배의 이미지였다면, 에스플러네이드는 싱가포르의 대표 과일인 두리안을 닮아 일명 두리안 빌딩으로 불리기도 한다.

건물 내부는 2,000석 규모의 극장을 비롯하여 콘서트 홀, 리사이틀 스튜디오 등이 첨단기술로 건축되었다. 특히 에스플러네이드는 야간조명이 화려하고 건물 주변에 비교적 여유 있고 재미있는 옥외공간을 조성하고 있다.

에스플러네이드는 매년 싱가포르 정부의 지원을 받아 세계적인 연극·공연 등을 무대에 올리고 있다. 우리나라의 세계적인 소프라노 성악가 조수미도 2004년과 2011년에 여기에서 공연을 했다.

2008년에 오픈한 165미터 높이의 싱가포르 플라이어 Singapore Flyer 는 캡슐 하나에 28명이 탑승할 수 있다. 이 관람차는 세계 최대규모를 자랑하던 런던 아이의 크기를 뛰어넘어 큰 화제를 일으키기도 했다.

우리나라 SS건설에 의해 2010년에 완공된 마리나 베이 샌즈 Marina Bay Sands 는 호텔, 스카이파크, 박물관, 공연장, 카지노, 쇼핑시설, 레스토랑, 컨벤션, 웨딩 등 다양한 공간기능을 갖춘 복합문화레저시설이다. 마리나 베이 샌즈의 건축적 하이라이트는 57층 높이의 기울어진 세 개의 건물 위에 큰 배가 아슬아슬하게 걸쳐 있는 형상을 한 길이 343미터, 폭 38미터의 스카이 파크이다. 세계적인 관광명소이자 싱가포르의 새로운 랜드마크가 된 이 건물은 특히 옥상의 풀장과 야경이 환상적인 분위기를 자아낸다.

세 건물의 지붕을 연결하는 마리나 베이 샌즈의 스카이 파크

싱가포르에 있는 주롱새공원은 20ha의 면적에 약 600종, 8,000여 마리의 새들이 서식하는 세계 최대규모이다. 연간 100만 명의 관람객이 다녀가는 이 새공원은 싱가포르의 장관이 브라질 리우데자네이루의 거대한 새장을 보고 착안하여 공업단지를 과감하게 생태공원으로 바꾼 것이다. 주롱새공원은 잘 조련된 새들이 펼치는 '버드 앤 버디스 쇼'가 유명하다.

다문화 도시국가인 싱가포르는 여러 종교를 포용하고 인종 간의 분쟁을 효율적으로 통제하기 위해 개인의 권리보다는 공공의 규율을 아주 중요시하고 있다. 예를 들어 거리에서 껌을 뱉으면 상당한 벌금을 내고, 흉악범은 곤장을 맞는다는 말이 농담이 아니라 지금도 실제로 벌어지고 있다. 아름다운 도시공간을 만들려면 건축물 디자인이 훌륭해야 한다. 하지만 가로·광장·공원과 같은 공공장소를 깨끗하게 관리하는 것도 그에 못지 않게 중요하다는 것을 싱가포르에서 새삼 느끼게 된다.

주롱새공원의 '버드 앤 버디스 쇼'의 한 장면

마닐라의 새로운 중심시가지 모습

38 동양의 진주 마닐라 필리핀

마닐라는 1571년 스페인의 식민지가 되었고, 파시그강의 하구에 성곽도시 인트라무로스 Intramuros 가 형성되었다. 1834년 마닐라항이 개방된 후 국제무역의 거점으로 성장하였으며, 극동아시아의 가톨릭 중심도시가 되었다. 1898년에는 미국과 에스파냐전쟁으로 미국령이 되었다. 2차 세계대전 중에는 일본군에 점령되어 시가지의 80퍼센트가 파괴되자 수도를 케손으로 옮겼다. 1976년에는 마닐라 주변의 4개 시와 인접지역을 통합하여 다시 수도가 되었지만, 빈민주거와 치안문제가 아주 심각하다.

16세기 후반 마닐라를 점령한 스페인의 초대 총독 레가스피는 파시그강 연안에 성벽을 쌓아 산티아고 Santiago 요새를 짓고 중앙광장, 관청, 성당, 수도원 등을 만들었다. 이곳이 바로 마닐라의 옛 성곽도시 인트라무로스이다. 성벽의 길이가 약 4.5킬로미터인 인트라무로스에는 7개의 문이 있었고 3,000여 가구가 거주했었다고 한다.

인트라무로스의 내부에는 일반 건축물과 함께 빼어난 종교유적이 남아 있다. 1591년에 석조건물로 지어져 다섯 차례의 대지진과 2차 세계대전대에도 전혀 피해를 입지 않고, 당시의 모습을 그대로 간직한 성 어거스틴 St. Agustin 성당은 '기적의 성당' 으로 불리고 있다. 이 성당은 유네스코 세계문화유산으로 등재되어 있다.

마닐라는 1898년 미국에 점령된 뒤 새로운 도시계획에 따라 항만시설이 근대화되고, 전기·가스·수도가 설치되었으며, 지역별 토지이용 분화현상이 뚜렷하게 나타났다. 상류층과 외국인 거주지인 게이티드 커뮤니티 Gated

스페인이 아시아의 거점으로 만든 산티아고 요새

옛 모습을 그대로 간직하고 있는 성 어거스틴 성당

Community 부유한 사람들이 외부와는 철저하게 격리되어 자체 경비대와 문화시설의 혜택을 받으며 살아가는 배타적 주거단지이다. 이와는 대조적으로 파시그강 북측의 항구에 인접한 톤도 Tondo 지역은 세계적으로 유명한 빈민가이다. 특히 하천변, 철로변, 쓰레기매립장 주변 등 무허가 판자촌에 살고 있는 사람들은 도시문화의 혜택을 전혀 즐기지 못하고 있다.

도시환경과 교통문제도 심각하다. 지프를 개조하여 화려한 색채로 장식하여 만든 소형 합승버스 지프니 Jeepney 는 마닐라의 명물이 되었지만, 노후된 지프니에서 내뿜어지는 시꺼먼 매연은 대기오염의 원인이 되고 있다.

지프를 개조하여
화려하게 장식한
마닐라의 명물 지프니

아시아에서 두 번째로 큰
규모를 자랑하는
SM쇼핑몰

그러나 마을버스처럼 단거리를 운행하는 지프니는 버스요금이 여러 승객들의 손을 통해 운전자에게 전달되고, 차 뒤에 매달려 가는 사람에게는 요금을 받지 않는다. 특히 승객이 원하면 어느 곳이나 멈추어주는 지프는 마닐라에서만 볼 수 있는 아주 친절하고 재미있는 교통문화이다.

스페인은 마닐라를 지배하면서 광장 중심의 유럽형 도시계획과 석조건축을 도입하였다. 미국 역시 마닐라의 도시 및 건축문화에 큰 영향을 미쳤다. 건축가 번햄 Daniel H. Bunham 은 1905년 「마닐라종합계획」을 세우면서 당시 미국에서 전개되었던 '도시미화운동 City Beautiful Movement' 정신을 반영하였다. 번햄은 마닐라 만 해변의 산책로를 개발하고 인트라무로스 주위에 있던 해자를 메워 시민공원으로 조성하였다.

도심에는 7,107개의 필리핀 군도를 모형으로 만들어놓은 연못과 지구본 모양의 분수가 있는 리잘공원이 있다. 면적이 58만 평방미터나 되는 이 공원은 일요일마다 음악회가 열려 시민들의 휴식처로 이용되고 있다. 리잘공원에는 부유한 집에서 태어나 스페인에서 유학을 하고 의사가 되었지만 필리핀의 독립을 위해 저항하다가 감옥에서 처형당한 민족영웅 호세 리잘 Jose Rizal 의 동상이 있다. 리잘은 그의 마지막 부탁에 따라 일반 죄수와는 달리 양복으로 정장하고 뒤에서 쏘는 총에 맞아 죽었다고 한다.

최근 마닐라의 도시개발은 그야말로 초대형 건물 위주로 추진되고 있다. 올티가스 Ortigas 지구의 SM 메가몰 등의 쇼핑시설, 고층의 특급호텔, 아이스링크, 극장 등이 만들어내는 풍요로운 모습들이 그 대표적인 사례이다. 바다를 메워 개발된 SM메가몰은 아랍에미리트의 두바이몰에 이어 아시아에서 두 번째로 큰 규모를 자랑한다. 해변에서 보는 석양이 아름다워 해질녘에는 수많은 젊은 연인들과 여행자들이 이곳으로 모여든다.

최근 필리핀은 정치적으로 안정되고 마닐라도 현대도시의 모습을 갖추어 가고 있다. 그러나 만성적인 환경문제와 교통혼잡, 마약, 치안문제, 빈부격차 등의 도시문제가 아직도 세계 여행자들의 발길을 멈칫하게 한다.

하노이의 시가지 모습

39 강안의 도시 하노이 베트남

베트남의 수도 하노이는 천 년 이상의 오랜 역사를 지니고 있다. 1010년에 주변 세 개의 강을 이용하여 둘레 30킬로미터가 넘는 두 겹의 환상형 성벽을 쌓았으며, 그후 '강안 江岸의 도시'라는 뜻을 가진 하노이의 이름을 갖게 되었다. 프랑스 식민시대에는 하노이를 '인도차이나의 파리'로 만들기 위하여 옛 성을 허물고 도로를 만드는 등 공간구조가 바뀌었다. 1945년 수도가 되었으나 베트남전쟁으로 도시의 주요시설이 크게 파괴되었다. 하노이는 21세기 이후 경제발전을 거듭하면서 세계적인 대도시로 도약하고 있다.

하노이에는 자연재해와 전쟁의 풍파 속에서도 하나의 기둥으로 지어진 일주사, 공자의 사당인 문묘 등이 예전의 모습대로 잘 보존되어 있다. 그리고 프랑스 식민시대(1837~1945)에 건축된 오페라하우스, 대통령궁, 성 요셉 성당 등 많은 건축물도 아직 그대로 남아 있다.

11세기 하노이가 왕국의 수도로 지정된 이래 계속 번영을 누려온 호안끼엠 Hoan Kiem 지역에는 중요 국가기관과 은행, 극장, 시장 등이 위치하고 있다. 호안끼엠 호수의 북쪽에 좁은 골목으로 형성된 '하노이 36거리' 는 상인조합에 의해 의류·신발·종이·공예 등 36개 구역으로 특화된 상업의 중심지였다. 이 전통시장은 수많은 호수와 연못을 매립하여 개발한 곳으로 취급하는 상품에 따라 거리의 이름이 정해져 있는 것이 재미있다.

베트남어로 환검 還劍 이란 뜻을 지닌 호안끼엠 호수에는 15세기 레 러이 왕이 호수의 거북이에게서 받은 검으로 명나라 군사를 물리치고 승전보고를 위해 호수를 찾았는데, 호수 밑에서 거북이가 올라와 그 검을 입에 물고 돌아갔다는 이야기가 전해지고 있다.

구시가지의 중심에는 베트남의 독립과 통일을 이끈 민족지도자 호찌민 胡志明 의 시신이 안치되어 있는 호찌민 영묘와 바딘 광장이 있다. 이곳은 1945년 호찌민이 독립선언문을 낭독했던 장소로 베트남의 상징이다. 뒤편에는 대통령궁과 평소 호찌민이 청빈하게 살았던 조그만 집과 그가 타고 다

프랑스 건축양식의 하노이 오페라 하우스

하노이 36거리의 행상인

베트남의 민족지도자 호찌민 묘소와 바딘광장

청빈한 호찌민이 거처했던 조그만 집

니던 자동차가 잘 보존되어 있다. 호찌민의 주머니에는 언제나 돈이 전혀 없었고, 점심식사도 주로 도시락을 먹었다고 한다.

바딘 광장 근처에는 연못 위에 하나의 기둥으로 세워진 일주사 一柱寺 가 있다. 이 사찰은 대를 잇지 못해 고민하던 러이 왕이 연꽃 위에 앉은 부처님이 남자아이를 선사하는 꿈을 꾼 뒤 아들을 낳아 부처님께 감사하는 뜻으로 1049년에 지어졌다. 기둥에는 연꽃 모양의 받침이 있다. 지금도 아들 낳기를 원하는 사람이나 입시를 앞둔 학부모들로 발디딜 틈도 없이 북적거린다. 일주사는 베트남의 보물 제1호이자 하노이의 상징이다.

하노이 시민들이 가장 많이 이용하는 교통수단은 오토바이(스쿠터)이다. 특히 출퇴근시간에는 도로를 꽉 메우면서도 큰 충돌이나 사고 없이 물 흐르듯 달리는 오토바이 행렬은 세계의 다른 도시에서는 도저히 찾아보기 힘든 이색적인 거리풍경이다.

하노이는 1990년대 이후 본격화된 경제성장과 외국기업의 투자유치에 따른 무질서한 도시개발로 인해 천년고도의 이미지가 손상되고 프랑스 식민지시절의 석조건물과 좁은 골목들이 사라지고 있다. 이에 따라 최근 하노이 도심에서의 모든 건축물의 신개축은 역사·예술·민속·건축·도시계획 등 다양한 전문 분야로 구성된 정부 수상실 직속의 도시개발위원회에서 허가하도록 하고 있다.

베트남의 보물 제1호 일주사

도로를 꽉 메운 오토바이 행렬

고층빌딩 숲의 홍콩 시가지 전경

40 동양 속의 서양 도시 홍콩 중국

홍콩은 상업·무역·금융이 발달하여 '동방의 진주', '쇼핑의 천국'으로 불리기도 한다. 1997년 7월 영국으로부터 반환되어 정식 명칭이 홍콩특별행정구인 홍콩은 세계 최고의 아름다운 도시경관을 자랑한다. 해안선을 따라 비탈 위에 나란히 들어선 초현대식 고층 건물로 이루어진 스카이라인은 밤에 더욱 화려하다. 홍콩은 동양의 지혜와 서양의 시스템을 잘 조화시키면서 여전히 역동적으로 변화하는 '동양 속의 서양도시'이다. 21세기 이후부터 무역·금융도시에서 문화·축제도시로 탈바꿈하고 있다.

홍콩의 기원은 진시황 시대로 거슬러 올라가지만, 도시로서의 역사는 아편전쟁에서 패한 중국이 1842년 홍콩섬을 영국에 양도하면서 시작되었다. 이듬해에는 영국이 홍콩총독부를 만들면서 주요 무역항으로 선언되었다. 그후 영국식 교육시스템이 도입됨에 따라 19세기 말 이후에는 빅토리아 문화가 꽃핀 지역으로 발전하였다.

홍콩은 영국을 비롯한 동·서양의 여러 나라와 중국 본토에서 온 이민자들에 의해 형성되었기 때문에 다양한 종교와 문화적 배경을 가진 사람들이 한곳에 모여 새로운 생활양식과 문화허브를 만들었다. 그래서 홍콩에는 새해(구정), 크리스마스, 부활절과 같은 여러 공휴일이 있다. 홍콩은 사람들이 서양의 시스템과 동양의 지혜를 모두 소중히 생각하고 인종이나 종교간 충돌이 없는 관용의 도시이다.

도심에 있는 주룽 공원 **Kowloon Park** 에는 이슬람사원인 주룽 모스크, 중국풍의 정원, 서양풍의 정원과 운동장, 어린이공원, 산책길이 있어 다양한 종교와 문화를 가진 시민들에게 중요한 휴식공간 역할을 하고 있다.

주룽반도의 옛 시가지에는 일부 역사유적이 보존되어 있다. 캇 힝 와이 **Kat Hing Wai** 성곽마을에는 500년 전 명나라 때 이곳에 처음으로 성벽을 쌓았던 종족의 후손들이 지금까지 살고 있다. 중국의 유대인으로 불리는 이 하카족客家族은 지금도 검은 천으로 둘러싼 챙 넓은 전통 모자를 쓰고 생활한다. 일부 가옥들은 현대적인 거주지로 바뀌었지만 마을의 감시탑과 해자는 그대로 보존되어 있어 중국문화유산으로 지정되어 있다.

주룽반도 구시가지에는 지금은 역사 속으로 사라졌지만, 과거에는 인구 밀집주거지였던 주룽성채를 공원으로 조성한 주룽 월 시티 파크 **Kowloon Walled City Park** 가 있다. 원래 이 자리는 16세기부터 중국 황실의 관료들이 사용해 왔다. 그러나 1842년 영국에 양도된 이후 법의 손길이 미치지 않게 됨에 따라 불법 건축물들이 들어섰고, 마약거래, 매춘, 무허가 치과 등 모든 불법행위들이 성행했다. 그러다가 1995년에야 비로소 주룽성채의 남문과 관아만 남겨둔 채 모두 철거하고 도시공원을 조성하였다.

중국의 유대인으로 불리는 이하카족이 사는 캇 힝 와이 마을

주룽성채를 공원으로 조성한 주룽 월 시티 파크

홍콩의 심장부인 빅토리아 항과 센트럴지구

홍콩의 성장과 발전은 언제나 빅토리아 항구와 함께 진행되어 왔다. 주요 정부 및 금융기관들이 자리잡고 있는 센트럴 Central 지구는 그 이름이 무색하지 않을 정도로 잘 개발되어 왔으며, 19세기 중엽의 빅토리아 양식과 20세기 초의 아르데코 양식의 건축물들이 들어서 있다. 그러나 1970년대 이후 다국적 기업들을 위한 금융과 서비스산업의 중추도시를 지향하게 됨에 따라 기존의 빅토리아 양식의 건물들이 속속 철거되고, 그 자리에 현대적인 고층건물들이 들어섰다.

홍콩의 멋진 항구 사진은 세계적으로 잘 알려져 있다. 뉴욕의 자유의 여신상이나 시드니의 오페라 하우스 처럼 유명한 랜드마크는 하나도 없지만, 세계 사람들은 항구지역의 풍경만 보고도 그곳이 홍콩임을 알아본다. 특히 차이나은행 Bank of China 빌딩과 홍콩 상하이은행 그룹 HSBC 건물은 홍콩의 랜드마크이다. 영국의 노먼 포스터 Norman Foster 가 설계한 47층 높이의 HSBC 빌딩은 정문이나 로비가 없어서 누구나 자유롭게 드나들 수 있도록 완전히 개방되어 있는 것이 특징이다.

최근 홍콩정부에서는 도시가 오로지 경제활동뿐만 아니라 문화활동도 활발한 도시라는 이미지를 전 세계에 알리기 위해 대규모 도시재생 프로젝트를 통해 오래된 역사공간을 예술문화공간으로 탈바꿈시키고 있다. 빅토리아 항구지역의 토지를 매입하여 조성한 웨스트주룽문화지구 WKCD 에는 중국오페라센터, 콘서트홀, 음악당, 극장, 그리고 21세기의 첨단 시각문화

홍콩의 랜드마크 차이나은행 빌딩

영국의 노먼 포스터가 설계한 HSBC 빌딩

를 보여주는 뮤지엄 플러스 **Museum Plus** 등이 들어섰다. 이 문화지구는 도시의 예술문화 발전과 시민의 삶의 질 향상에 크게 기여한 것으로 평가되고 있다. 홍콩은 과거 쇼핑과 관광 천국에서 이제는 미술애호가들의 천국이 되었다. 아트페어나 옥션, 갤러리 등에서 거래되는 미술품에 대해서는 정부에서 면세 혜택을 주기 때문이다.

침사추이 尖沙咀 해변에는 유명한 영화배우들의 핸드 프린트와 영화와 관련된 조형물을 볼 수 있는 스타의 거리(영화의 거리, 연인의 거리)가 있다. 여기에서는 우리에게 잘 알려져 있는 이연걸, 양조위 등 홍콩 톱 스타들의 손도장과 이소룡의 동상도 볼 수 있다. 이곳은 원래 산책길을 조성하였으나 시민들로부터 좋은 호응을 얻지 못하자 정부가 영화의 거리를 조성하기로 하였다. 정부는 민간회사에 디자인·공사·경영 모두를 맡겼으며, 그 결과 오늘날 홍콩에서 가장 인기 있는 문화예술공간으로 조성되었다.

구 시가지의 주룽에서 가장 화려하고 번화한 지역은 캔턴 로드 **Canton Road** 이다. 구찌, 샤넬, 루이비통 등 온갖 명품숍들이 모여 있는 이 거리는

침사추이 바닷가에 조성된 스타의 거리

야간에는 보행자전용 도로로 변하는 홍콩의 밤거리

홍콩사람들의 꿈의 장소이자 삶의 현장이다. 과거와 현재가 공존하고 부유와 빈곤이 섞여 있기 때문이다. 휘황찬란한 야간조명이 아름다운 이 쇼핑거리는 밤에는 보행자전용도로로 변하여 더욱 화려하다.

홍콩은 버스·전차·지하철·피크 트램 Peak Tram·페리 등 다양한 교통수단이 매우 정교하게 운행되고 있다. 특히 홍콩섬과 주룽반도를 연결해주는 스타페리와 2층 버스는 홍콩의 교통문화 아이콘이다.

홍콩은 20세기 말까지는 아시아를 대표하는 상업·관광도시로 발전시키기 위해 노력해왔다. 그러나 최근에는 템스강변을 화려하게 부활시킨 런던의 뉴밀레니엄 프로젝트처럼, 해변을 세계적인 쇼핑·문화예술공간으로 디자인하고 있다. 경제도시와 문화도시라는 두 마리의 토끼를 동시에 잡겠다는 야심을 가지고 계속 발전하고 있는 도시가 바로 홍콩이다.

상하이의 경제중심 푸동지구 전경

41 국제적 금융물류 도시 상하이 중국

양쯔강 하구에 위치하고 있는 상하이는 중국 제일의 국제금융물류도시이다. 상하이는 아편전쟁에서 패하고 개항장이 설치되면서 발달했다. 특히 황푸강 서쪽의 와이탄 지역에 영국·독일·일본 등의 외국은행과 무역회사들이 모여들었고, 1930년대에는 '아시아의 월 스트리트'로 발전하게 되었다. 1990년대 이후 급속한 경제성장에 따라 다양한 디자인의 초고층 빌딩이 우후죽순처럼 들어서고 있다. 2010년에는 '도시'를 주제로 세계박람회를 개최하여 중국 미래의 과학기술과 생활모습을 전 세계에 과시하였다.

상하이는 황푸강을 중심으로 중국의 전통건축과 근대의 서양건축이 조화로운 서쪽의 구시가지와, 1990년 이후 새롭게 개발된 동쪽의 신시가지로 나누어진다. 황푸강 서편의 와이탄 지역은 1842년 아편전쟁에서 이긴 영국이 이곳에 자신들의 전용거주지인 조계租界를 건설하면서 새로운 역사가 시작되었다. 19세기 말부터는 여러 나라의 영사관·은행·사무실·호텔 등의 다양한 영국풍의 석조건축물들이 들어섰다. 1920~30년대에 지어진 아르데코양식의 건축물들은 전성기의 모습을 보여주고 있다.

황금빛의 야경이 아름다운 와이탄에서 인민광장까지 보행자도로로 최근 새롭게 조성된 난징루南京路는 쇼핑과 예술공연이 어우러지는 장소성 있는 도시공간으로 조성되었다. 이에 따라 개항기의 근대건축물들은 고급의 상업공간이나 레스토랑, 호텔, 갤러리 등으로 다시 태어나고 있다. 와이탄은 과거의 공간이 아니라 미래의 공간으로 계속 변신하고 있다.

황금빛 야경이 아름다운 서양 석조 건축양식의 와이탄 거리

도심에 위치하고 있는 인민광장은 중국 근·현대사의 굴곡이 드리워진 장소이다. 영국이 자국민들의 오락을 위해 경마장을 건설하였고, 2차 세계대전 중에는 일본군의 막사로 사용되었다. 1945년에는 항일전쟁에서 중국을 도운 미군들이 진주하면서 다시 경마장이 되었다. 그후 경마장의 북반부는 인민공원으로 조성되었고, 남반부는 1990년대 초에 대규모 재건축을 진행하면서 지금의 인민광장이 되었다.

면적이 14만 평방미터나 되는 인민광장의 북측에는 상하이 시청과 도시계획전시관이, 광장의 남측에는 상하이박물관이 자리잡고 있다. 도시계획전시관 1층에는 상하이의 과거·현재·미래를 볼 수 있는 건축물들의 모형과 유명 건축가들의 사진이 전시되어 있다. 3층에는 미래의 상하이 모습을 한눈에 볼 수 있는 도시계획모형이 있다. 크기가 약 600평방미터인 이 모형은 세계에서 가장 큰 것으로 알려져 있다.

인민광장 내에 위치한 상하이박물관은 중국의 고대유물을 전시해놓은 역사박물관이다. 중국 청동기시대의 세발 달린 솥鼎을 모티브로 하여 디자인된 건물의 형태는 중국 전통사상인 천원지방天圓地方 사상을 적용하여 지붕은 시간과 하늘을 상징하는 원형(○)으로 하고, 평면은 공간과 땅을 상징하는 방형(□)으로 디자인되었다. 이러한 원형과 방형의 융합은 상하이 광

세계에서 가장 큰 상하이의 미래 도시계획 모형

천원지방 사상을 적용하여 원과 사각형으로 디자인된 상하이박물관과 인민광장

16세기의 중국의 전통 정원양식을 대표하는 예원

장의 분수대와 녹지대에서도 똑같이 나타나고 있다.

구시가지 동북쪽에 위치하고 있는 예원豫園은 16세기에 만들어진 중국의 전통정원으로, 상하이에서 유일하게 명·청대의 정원양식을 볼 수 있는 곳이다. 이 정원은 좁은 공간이지만 용 모양으로 조각된 담장, 위로 말아올린 기와 지붕의 누각과 정자 등 다양한 경관을 보면서 산책할 수 있도록 직각으로 꺾어놓은 연못 위의 통로들이 매우 인상적이다. 예원 입구의 호심정에서는 연못을 바라보며 여유롭게 중국 전통차를 마실 수 있다.

상하이 동북부에 위치하고 있는 루쉰공원에는 중국의 현대문학을 대표하는 「아큐정전」의 저자 루쉰魯迅기념관이 있다. 이 공원에는 1932년 일본군 수뇌부를 향해 도시락폭탄을 투척한 홍커우공원 의거를 기념하기 위해 건립한 윤봉길 의사 기념관도 있다. 당시 홍커우 공원에는 '중국인과 개는 들어갈 수 없다' 는 표지판이 있었다고 한다.

푸동지구는 1980년대 이후 덩샤오핑의 개혁·개방정책에 따라 외국의 자본과 기술을 도입하기 위하여 경제특별구역으로 지정하면서 세계적인 금융·무역·상업의 중심지로 부각되었다. 푸동지구에는 동방명주탑을 비롯하여 진마오 타워, 상하이국제금융센터 등 초고층 빌딩들이 빼곡하게 들어서 있으며, 건물마다 개성있게 디자인된 지붕들이 독특한 도시의 스카이라인을 형성하고 있다. 파리의 랜드마크가 에펠탑이라면 상하이의 랜드마크는 단연 동방명주東方明珠탑이다. TV 수신탑인 이 건물은 높이가 468미터이며, 호텔·레스토랑·전망대 등을 갖추고 있다. 붉은 진주 구슬처럼 보이는 2개의 큰 구형球形으로 디자인된 형태가 독특하다. 동방명주탑의 조명은 1,000가지 이상의 다양한 경관 연출이 가능하다고 한다.

푸동지구에는 이곳 사람들이 '세계를 향해 열린 상하이의 횃불' 이라고 자랑스럽게 여기는 진마오 타워가 있다. 숫자 8을 유난히 좋아하는 중국인들의 기호에 따라 88층(420.5미터)으로 지어진 진마오 타워는 중국 전통의 탑이나 성장하는 대나무 처럼 고층부로 올라갈수록 건물의 매스가 후퇴하도록 디자인되었다.

상하이의 대표적 랜드마크 동방명주

성장하는 대나무를 상징하는 진마오 타워

2000년대 이후 오랫동안 방치되어온 건물들이 문화예술공간으로 탈바꿈하고 있다. '모간산루 50호'는 1930년대에 지어진 방직공장이 문을 닫게 되자 2004년부터 젊고 가난한 예술가들이 자발적으로 리모델링하여 100여 개의 스튜디오, 갤러리, 디자인센터 등 예술공간으로 재탄생시킨 장소이다. 이 M50 예술촌은 현대 중국미술의 흐름을 보여준다.

최근 상하이에서 가장 핫한 신텐디 新天地 지구는 19세기 프랑스 조계지에 지어진 스쿠먼 石庫門 주택들이 있던 두 블록을 홍콩의 재벌이 세련된 쇼핑몰, 레스토랑, 영화관, 갤러리 등으로 조성한 거리이다. 이 지구는 기존의 가로와 서양식의 건물 외관을 옛 모습 그대로 유지하면서 내부공간만 현대적인 분위기로 리모델링함으로써 과거와 현재가 공존하는 역사적인 도시공간으로 재탄생되었다.

중국 전통의 도시계획과 건축을 대표하는 자금성

42 황제의 도시 베이징 중국

도시 역사는 기원전 8세기에 시작되었으며, 지금의 자금성은 1420년 명대에 만들어졌다. 베이징처럼 독자적인 사상과 종교가 도시와 건축공간을 구성하는 기본개념으로 엄격하게 적용된 예는 세계의 어느 나라에서도 찾아볼 수 없다. 베이징에는 고대 중국의 우주관을 보여주는 천단, 자금성, 만리장성, 이화원 등 세계문화유산에 등재되어 있는 수 많은 역사 유적이 있다. 베이징은 2008년 올림픽을 거치면서 세계도시의 면모를 갖추었다. 최근에는 민간에 의한 도시의 문화예술공간이 자연스럽게 생겨나고 있다.

베이징에는 고대 중국의 우주관과 풍수사상, 유교와 도교 등이 도시와 건축에 잘 나타나 있다. 예를 들어 왕이 하늘에 제사를 지내기 위해 만든 천단 天壇 의 형태는 시간과 하늘을 상징하는 원형(○)으로 하고, 자금성은 공간과 땅을 상징하는 방형(□)으로 하였다. 또한 자금성의 북쪽에는 인공적으로 경산 景山 을 만들어 겨울의 차가운 바람을 막아주고, 성의 남쪽과 주변에는 해자와 연못을 파 조망을 확보하고 습도를 조절하였다.

그리고 성벽·도로·건물 등 인공구조물은 완벽하게 대칭으로 배치하여 공자·맹자의 유교에 의한 엄격한 위계와 균형을 강조하였다. 그리고 마당이나 정원은 나무·돌·물 등을 자연스운 형태로 조성하여 노자·장자의 도교에 의한 무질서 속의 아름다움을 표현하였다.

이러한 공간개념은 베이징을 대표하는 전통주택 사합원 四合院 에서도 잘 나타난다. 바깥과 경계를 이루는 동서남북 네 채의 건물이 합쳐져 중앙에 마당(중정)을 이루는 ㅁ자형의 사합원은 남북 축선을 중심으로 양쪽으로 균

완벽한 대칭을 보여주는 베이징의 전통주택 ㅁ자형 사합원

형있게 대칭을 이룬다. 집안에서 가장 신분이 높은 사람일수록 북쪽 중앙에 자리잡고, 등급에 따라 동서로 나누어 거주하며, 외부 사람들은 남쪽의 당(堂)에서 맞이한다. 중국인들이 사합원에 매력을 느끼는 이유는 내부로 향하여 폐쇄적이고 대칭적인 공간구성이 심리적 안정감을 줄 뿐만 아니라 신분에 의한 위계질서를 잘 나타내기 때문이라 생각된다.

흔히 동서양의 전통적인 도시와 건축공간 구성의 특징을 비교할 때, 동양이 사적인 토지·건물 등의 형태와 배치를 먼저 정하고 나서 도로와 담장을 둘러싸는 내부공간을 지향하는 문화라면, 서양은 공적인 도로·광장 등을 먼저 정하고 담장 역할을 하는 건물의 형태를 정하는 외부공간을 지향하는 문화라고 설명한다. 내향적이고 폐쇄적 공간 특성을 가지고 있는 자금성과 사합원은 중국은 물론 동양의 전통적인 도시와 건축의 공간문화를 대표한다고 볼 수 있다.

자금성은 원시대에 만들어진 정방형의 내성과 명시대에 만들어진 남측 외성의 2개 성벽으로 이루어졌다. 내성은 내부에는 관청과 귀족주택지인

중화인민공화국의 심장이자 상징인 천안문 광장과 자금성

베이징의 상징이자 천단의 핵심건물 기년전

상제(上帝), 즉 하느님을 모신 황궁우

황성이, 황성 내부에는 궁성인 자금성이 있어 모두 3중으로 둘러싸여 있다. 외성에는 천단이 자리잡고 있다. 명·청대에 걸쳐 24명의 황제가 거처한 자금성은 9,999개의 방을 가진 세계 최대규모의 궁전으로 완벽한 좌우대칭이다. 자금성을 가득 메운 자색은 우주의 중심인 북극성을 상징한다.

방위에 맞추어 배치된 성문들은 그 명칭과 크기가 서로 달랐다. 황성의 남문(정문)은 하늘의 안정을 바라는 천안문으로, 북문은 땅의 안정을 기원하는 지안문 地安門 으로 이름을 붙였다. 성문은 황제의 권위를 상징하기 위해 규모도 실제 기능보다 크고 장식도 화려하다. 천안문의 벽에는 마오쩌둥 초상화를 중심으로 왼쪽에는 '중화인민공화국만세', 오른쪽에는 '세계인민대단결만세' 라고 쓰여진 붉은색 현수막이 눈에 확 들어온다.

자금성 정남쪽에 위치하고 있는 천안문광장은 면적이 44만 평방미터나 되어 100만 명도 거뜬하게 수용할 수 있는 도심광장으로 세계 최대규모를 자랑한다. 오늘날 주요 국가행사장으로 이용되고 있는 천안문 광장에는 붉은색의 오성기가 펄럭이고 언제나 수많은 인파가 북적인다. 그러나 이 광장에서 1989년 대학생과 지식근로자들에 의해 대규모 민주화 시위가 있은 이후부터는 군데군데 서 있는 공안과 경찰의 감시 때문에 자유롭게 만나고 소통하는 시민들의 문화공간으로써의 제 역할을 못하고 있다.

자금성 동남쪽에 있는 천단은 황제가 하늘에 풍년을 기원하며 제사를 지낸 신성한 장소이다. 세계 최대의 제전인 천단은 원구단·황궁우·기년전 등으로 이루어져 있는데, 이들은 정남쪽을 향한 중심축선에 배치되어 있다. 천단의 핵심 건물인 기년전 祈年殿 은 땅을 상징하는 정사각형의 흰색 3단 돌계단 위에 하늘을 상징하는 원형의 청색 유리기와로 만들어진 3층 건물이다. 지붕이 우산 모양인 이 건물은 그 의미가 깊고 조형적으로 아름다워 베이징을 대표하는 아이콘이다. 2008년 베이징 올림픽 때 성화 봉송도 이곳 천단에서 출발하였다.

천안문광장 바로 남쪽에 있는 전문대가 前門大街 는 매력있는 전용보행공간이다. 베이징 올림픽에 맞추어 청대의 건축양식으로 조성된 길이 약 700미터인 거리의 양 옆에는 수백년의 전통을 이어오고 있는 찻집과 만두집, 세계적으로 유명한 한약방 동인당이 있다. 도로의 중앙에는 옛 모습의 전차가 다니고 초상화를 그려주는 거리화가와 퍼포먼스를 펼치는 사람들도 제법 눈에 띈다. 수십미터마다 서너명씩 서 있는 경찰들이 눈에 거슬리지 않는다면 예술적인 유럽도시의 거리 분위기와 크게 다르지 않다.

왕부정대가 王府井大街 는 베이징에서 가장 번화한 쇼핑거리이다. 왕부정

청대의 건축양식으로 조성한 자유로운 거리 분위기의 전문대가

포장마차가 장사진을 이루는 먹거리 야시장

(왕푸징)은 청대의 건륭제 시절에 귀족저택이 모인 곳에 있었던 우물에서 유래한다. 남북으로 800미터 길이인 가로의 양 옆에는 현대식의 쇼핑몰·백화점·영화관들이 빼곡하게 들어서 있다. 왕부정거리 바로 옆의 좁은 골목은 먹거리 야시장으로 유명하다. 매일 밤 홍등을 밝힌 포장마차가 장사진을 이루는 이곳에서는 베이징의 명물로 이름난 전갈, 뱀, 참새 등 다양한 재료로 만든 꼬치음식을 판다. 책상을 제외한 네발 달린 것은 무엇이든 먹는다는 중국의 유별난 음식문화를 실감나게 보여준다.

자금성의 동북쪽에 위치하고 있는 '789예술구'는 원래 군수물자를 생산하는 공장지대였으나, 이곳에서 활동하던 황루이 黃銳 가 국제예술제를 열면서 유명해졌다. 이 지구에는 오래된 창고나 공장을 개조하여 만든 그림·사진·액세서리를 파는 가게와 스튜디오, 갤러리들이 모여 있다. 798예술구는 블록이 6개나 되지만 요즘도 문화예술공간으로 리모델링하는 건축공사가 한창 활발하게 진행되고 있다.

오래된 공장과 창고가 복합예술공간으로 변신하고 있는 798예술구

화려한 LED전광판으로 초현대적인 분위기를 연출하는 세무천계

세무천계 世貿天階 에는 젊은이들을 대상으로 한 쇼핑시설과 커피숍, 레스토랑 등이 자리잡고 있다. 더 플레이스 The Place 라고도 불리는 이 광장은 3층 건물의 높이에 205×35미터로 세계에서 두 번째로 큰 LED 전광판으로 된 캐노피가 설치되어 있다. 2008년 베이징올림픽을 앞두고 우리나라 LG에서 시공한 세무천계는 베이징에서 가장 핫한 장소이다.

베이징은 20세기 이후, 특히 2008년 올림픽을 개최하면서 현대적인 도시개발과 문화활동 지원을 위한 정책들이 활발히 추진되고 있다. 그러나 사회주의 도시 베이징에서 도시와 건축공간이 진정하게 시민과 여행자들에게 개방되어 시민이 주인이 되는 도시의 공간문화가 꽃피려면 앞으로도 상당한 세월이 더 필요할 것으로 보인다.

일본의 천년 수도 교토의 중심시가지 모습

43 일본의 정신문화 수도 교토 일본

교토는 나라奈良와 함께 일본에서 가장 역사가 오래된 도시로 794년부터 메이지 유신이 일어난 1868년까지 약 1100년 동안 수도였다. 수도가 도쿄로 옮겨진 지금에도 일본의 종교문화를 담고 있어 정신적 수도의 이미지를 지니고 있다. 교토는 황거皇居·사찰·신사·정원 등의 역사유산이 2천 개가 넘고, 국보의 20%를 보유하고 있으며, 세계문화유산도 17개나 된다. 백년 이상을 전통가옥에서 가업으로 계승하는 수많은 우동집, 라면집, 두부집, 과자집, 전통식당 등이 교토가 천 년의 수도였음을 말해준다.

도시의 역사는 8세기 말 헤이안쿄 교토의 옛이름 가 일본의 수도가 되면서부터 시작되었다. 14세기에는 귀족계급을 대신하여 실권세력으로 등장한 무사계급에 의하여 교토에서 무로마치 막부가 시작되었다. 이른바 사무라이 문화가 탄생된 것이다. 그후 1603년 도쿠가와 이에야스가 에도에 새로운 막부를 개설하면서부터 정치의 중심은 교토에서 에도로 옮겨 갔다. 그러나 학문과 예술 측면에서 일본 최고의 전통도시로서의 위상은 지금까지도 여전히 유지되고 있다.

유럽의 한 예술가가 일본의 건축물은 "나무와 종이의 예술"이라고 말한 적이 있다. 나무와 종이로 이루어진 건축물은 섬세한 아름다움을 가지고 있지만 오랜 세월의 비바람과 화재에는 너무나도 취약하다. 그러나 교토에는 아직도 헤이안시대와 에도시대의 숨결을 느낄 수 있는 귀중한 목조건축 문화유적들이 잘 보존되어 있다.

교토는 3면이 산으로 둘러싸여 있는 분지에 입지하고 있다. 구시가지 내의 주요 도로와 왕궁, 관아, 사찰 등 주요시설은 중국 당나라의 장안長安의 공간구성기법을 그대로 모방하여 배치하였다. 시가지의 북쪽 중앙에는 천왕이 살던 어소御所가 있다. 어소 앞에는 남쪽으로 뻗어난 폭 85미터의 주작대로가 있으며, 이 남북간 중심축 도로를 중심으로 질서정연한 바둑판 모양의 가로망이 이루어졌다. 교토의 중심지역인 라쿠주 지역에 위치한 니조성二條城은 도쿠가와 이에야스의 저택이었다. 니조성의 정원은 전통조경양식으로 유명하며 유네스코 세계문화유산으로 등재되어 있다.

헤이안신궁平安神宮은 1868년에 도쿄가 수도로 지정되자 과거 교토의 정치·교육·문화 중심지의 상징성을 부흥하기 위해 1895년 헤이안시대의 왕궁형식을 본떠 건립하였다. 이 신궁은 붉은색 옻칠을 한 기둥과 초록색의 기와지붕이 매우 특이하다. 또한 교토에는 시내의 건물높이 규제 기준이 되고 있는 높이 57미터의 5층탑이 있는 도지東寺가 유명하다. 이 탑은 헤이안시대 승려 구카이 고보弘法가 세운 진언종의 총본산으로, 일본에서는 가장 높은 목조건축물로 알려져 있다.

일본의 전통 건축양식을 대표하는 니조성

세계문화유산으로 등재되어 있는 일본 전통 조경양식의 니조성 정원

라쿠도 지역에는 780년에 세워진 불교사찰 기요미즈테라 清水寺가 유명하다. 기요미즈는 '성스러운 물' 을 뜻한다. 본당의 툇마루는 못을 쓰지 않고 172개의 통나무기둥으로 만들어졌다. 깎아지른 절벽 위로 돌출되어 있는 툇마루에서는 질서있는 교토 시내의 경관이 한눈에 들어온다. 이곳에는 물을 받아 먹을 수 있는 세 개의 인공 벽천이 있다. 왼쪽은 지혜, 중간은 사랑, 오른쪽은 장수에 좋다고 전해오고 있다.

라쿠사이 지역에는 킨카쿠지 金閣寺, 료안지 龍安寺 등 세계문화유산에 등재된 전통 사찰유적이 있다. 킨카쿠지는 천장에 약 3,000장의 얇은 황금판으로 붙어 있고, 3층 누각 전체가 금칠이 되어 있어 킨카쿠 金閣라고 불리게 되었다. 사찰의 연못·돌·나무·바닥포장 등의 공간구성은 세계에서 가장 아름답고 정교하다고 평가받는 일본 전통조경의 진수를 보여준다.

교토는 8세기 말 수도로 건설된 이래 격자형의 가로형태를 유지하면서 발전해왔다. 일본 전통의 목조건축양식인 마치야 町家는 건물의 전면 폭이 좁고 깊이가 긴 건축물이다. 교토에서는 마치야에 의한 고밀도 도시공간이

못을 전혀 사용하지 않고 172개의 통나무로 지은 기요미즈테라

3층 누각 전체가 금칠로 되어 있는 킨카쿠지

세계의 관광객으로 붐비는 기온신바시 거리

교토의 전통 목조가옥 마치야

형성되었고, 좁은 길을 중심으로 마주보는 마치야들에 의한 마을공동체가 형성되었다. 대표적인 마치야로는 산네자카 産寧坂 와 기온신바시 祇園新橋 를 들 수 있다.

산네자카지구는 에도시대부터 전해오는 마치야 형식의 상가가 자리잡고 있고, 교토의 특산물들을 판매하고 있다. 일본에서도 역사적 분위기가 가장 잘 보존되어 있어 항상 세계의 여행자들로 붐비는 기온거리에서는 전통적인 과자, 화장품, 초콜릿 등 기념품을 사거나 사케를 마실 수 있다. 밤에는 거리에서 진한 흰색의 얼굴화장에 전통의상을 입고 다니는 게이샤들도 어렵지 않게 만날 수 있다. 교토에서는 마치야 한 채를 빌려 숙박하면서 이곳에 사는 사람들처럼 시장도 보고 차도 마시며 고급 요리를 배달시켜 먹을 수 있는 마치야 스테이도 경험해 볼 수 있다.

교토의 가장 유명한 전통문화축제는 매년 7월 야사카신사에서 열리는 기온마츠리 祇園祭 로, 9~10세기 역병으로 죽은 사람들의 영혼을 달래기 위해 시작했다. 화려하게 장식된 수레 山車 가 시가행진을 하고, 유서 있는 집과 상점에서는 병풍이나 미술품을 길가에 걸어 놓아 오랜 역사를 지닌 교토 시민들의 긍지와 재력을 과시한다. 기온마츠리는 도쿄 · 오사카와 함께 일본 3대 축제의 하나로 손꼽히고 있다.

교토는 세계적으로 찾아보기 힘든 목조건축 문화유산을 간직하고 있는 역사도시와 활기 넘치는 현대도시의 분위기를 동시에 가지고 있다. 교토시에서는 자연과 역사가 조화를 이루고 있는 거리와 건물을 보존하기 위해 꾸준히 노력하고 있다. 1970년대부터 '교토시가지경관조례'를 제정하여 역사지구를 보존하고 옥외광고물 디자인을 규제하였으며, 주요 역사문화재와 산지의 주변은 건물 높이를 15미터 이하로 제한했다. 부러운 것은 이러한 전통문화공간의 보존이 차야(전통상점)를 운영하는 주민들의 자발적인 노력에 의해 이루어졌다는 점이다.

모리타워 전망대에서 본 도쿄 중심시가지 모습

44 숨겨진 질서의 도시 도쿄 일본

메이지유신(1868) 이후부터 근대도시로 발전한 도쿄는 세계 최고의 유명브랜드가 모여 있는 긴자, 전통문화가 남아 있는 아사쿠사, 밤에도 불야성을 이루는 신주쿠 등이 유명하다. 도쿄는 언제나 미술관, 박물관, 도서관들이 성황을 이루는 수준 높은 문화도시이다. 1990년 이후 민간 위주로 추진된 주거·쇼핑·예술·문화기능을 복합한 도시재생사업들은 세계의 모범이 되고 있다. 도쿄에는 사람과 건물이 많고 교통이 복잡하지만, 흐르는 물처럼 눈에 안보이는 질서가 있다. 그래서 도쿄는 '숨겨진 질서의 도시'이다.

도시의 역사는 도쿠가와 이에야스가 1603년 도쿄의 전신인 에도江戶에 입성하여 에도막부를 설치하면서부터 시작되었다. 메이지유신에 따라 1869년 수도를 교토에서 에도로 옮기면서 이름도 도쿄로 바꾸었다. 도쿄는 20세기 초부터 서구의 기술문명과 법제를 과감하게 도입하여 근대도시로 발전했다. 1923년 관동대지진과 제2차 세계대전을 겪으면서 침체기가 있었지만, 오늘날 인구 1,300만 명이 사는 메가시티 **Mega City** 로 성장하였다.

메이지유신 이후 도쿄는 상징적인 수도 기능을 수행하기 위한 도시공간을 만들어갔다. 1888년에는 옛 에도성터에 천황과 그 가족이 거주하는 고쿄皇居를 짓고, 다음해에는 고쿄 앞에 드넓은 광장을 조성했다. 자갈포장으로 되어 있는 이 광장은 국가적 차원의 이벤트를 시행하는 공간이다. 울창한 소나무 숲과 해자로 둘러싸여 있는 전통건축양식의 고쿄는 일본 황실의 권

천황이 거처하는 일본 전통 건축양식의 고쿄(황거)

위를 상징하는 공간이다. 하지만 우리 국민들에게 고쿄는 '천황의 이름으로' 저질러진 아픈 역사를 기억하게 하는 어두운 공간이다.

도쿄에서 오랜 역사를 가지고 있으면서도 유행의 첨단을 걷고 있는 지역이 긴자銀座이다. 긴자라는 이름은 바다를 매립하여 은화를 주조하는 거리였기 때문에 붙여졌다. 그런 거리가 오늘날 일본 최고의 번화가로 변신한 것은 이곳이 메이지유신 이후 서양의 문물을 받아들이는 창구 역할을 했기 때문이다. 1900년대 신식 여성이 기모노를 과감하게 벗어던지고, 1960년대 청바지문화를 제일 먼저 유행시킨 곳도 이 긴자거리이다. 지금은 젊은이들보다는 중·장년들이 많이 찾는 품격있는 쇼핑공간이다.

섬나라 일본 사람들은 전통적으로 공간을 좁게 쓰고 복합적으로 사용한다. 도쿄에서도 지가가 가장 높은 긴자의 중심가로변에는 7층 건물인데도 전면의 폭이 5~6미터에 불과한 상가건물들이 줄지어 있다. 심지어는 복잡

긴자의 복잡한 보도 위에 서있는 3층의 파출소

고층건물의 저층부분에 조성된 녹지공간

한 교차로의 보도 위에 폭이 2미터 정도인 3층의 파출소交番가 버젓이 서있다. 또한 고층건물의 저층부에는 제법 큰 나무를 심거나 가로변에는 지하광장을 만들어 부족한 오픈 스페이스를 확보하고 있다.

일본의 종교는 오래 전부터 내려온 민족신앙인 신도神道와 외국에서 들어온 불교가 기본을 이루고 있다. 자연이나 조상신을 모시는 신도는 교리보다는 제사와 의례를 중시하며, 개인보다는 공동체의 이익을 우선한다. 신사神社는 왕실의 조상이나 신화에 등장하는 신 또는 국가에 공이 큰 역사적 인물을 모시는 신전으로 전국에 약 8만 개소가 있다. 신사는 보통 목조로 지어지는데, 불교 사원과 다른 점은 입구에 天자로 된 나무기둥인 도리이鳥居라는 문이 있다는 점이다. 모든 방문자들은 도리이 밑을 통과하여 분위기가 조용하고 신성한 경내로 들어가게 된다.

시부야 지역의 울창한 숲으로 이루어진 요요기공원 내에 있는 메이지 신궁神宮은 메이지 천황과 쇼우켄 황후를 기리는 곳으로 다른 신사와는 달리 신궁으로 불린다. 메이지 신궁은 일반 신사에 비해 도리이가 크고, 여러 동의 부속건물로 구성되어 있다. 면적이 70만 평방미터나 되는 신궁의 정원은 크게 내부의 어원御苑과 바깥의 외원으로 나누어진다. 어원은 중앙의 연못 주위를 산책하면서 정원을 감상하는, 이른바 일본 전통의 회유식 정원의 진수를 체험할 수 있다. 주말에 이곳에서 열리는 전통혼례식은 특히 외국여행자들에게 좋은 구경거리를 제공해준다.

아사쿠사淺草 지역에는 신사·사찰·불상 등 일본의 종교 문화유적이 잘 보존되어 있고, 골목에는 예전의 손맛을 그대로 느낄 수 있는 전통 술집·화과자집과 기념품가게들이 성업을 이룬다. 그리고 일본 특유의 바퀴가 큰 인력거를 타볼 수 있다.

헤이안시대(645년)에 지어진 센소지淺草寺는 도쿄에서 가장 오래된 불교사찰로 연간 3,000만 명 이상의 방문객이 다녀간다. 센소지 본당 동쪽에는 일본중요문화재로 지정된 아사쿠사신사가 있다. 센소지 입구의 카미나리몬雷門 중앙에는 대나무와 종이로 만들어진 높이가 4미터나 되는 엄청나게 큰 붉은색 제등이 있다. 풍년과 센소지의 번영을 기원하기 위해 만든 '천둥의 문' 은 아사쿠사의 상징이다. 카미나리몬을 통과해 호조몬普藏門에 이르는 길이 300미터의 나카미세仲見世 거리는 에도시대부터 내려오는 상점가로, 지금도 전통공예품·기념품·먹거리를 파는 상점이 줄지어 있다. 상품의 모양을 본 떠서 만든 간판이 재미있다. 센소지의 본당 앞에 있는 향로에서는 연기가 나오는데, 이 연기를 쐬면 액운을 쫓고 몸에도 좋다고 믿는 사람들로 향로 주변은 항상 복잡하다.

우에노上野 지역은 아사쿠사와 함께 도쿄에서 서민들의 생활문화를 생생하게 느껴볼 수 있는 곳이다. 1873년 일본에서 도시공원으로 처음 지정된 우에노공원에서는 공연이 펼쳐지고 울창한 숲과 봄철의 벚꽃으로 유명한 공원 내에는 국립박물관, 미술관, 문화회관, 동물원, 예술대학 등이 자리잡

언제나 참배객으로 붐비는 메이지 신궁

풍년과 센소지의 번영을 기원하는 천둥의 문

고 있다. 특히 근대서양미술관은 일본의 현대건축에 큰 영향을 준 20세기 최고의 건축 및 도시계획가로 평가되는 르 코르뷔지에 Le Corbusier 가 설계하였다. 1층에는 그의 회화작품도 전시되어 있다.

하라주쿠 原宿 지역에 있는 캣스트리트는 Cat street 도쿄에서 젊은이들의 첨단 패션거리이다. 캣스트리트 근처에 있는 디자인 테스타 갤러리는 Design Testa Gallery 햇병아리 예술가들의 등용문으로 유명하다. 작은 골목이지만 강렬한 원색의 벽화와 건물 전면의 요란한 장식이 눈길을 끄는 이곳에서는 약간의 사용료만 지불하면 누구나 자유롭게 작품을 전시할 수 있다. 방문자들도 젊은 작가들의 참신한 예술작품을 무료로 감상할 수 있다.

1990년대까지 도쿄의 도시재개발사업이 주로 주거와 쇼핑 위주로 이루어졌다면, 2000년 이후는 문화와 예술기능을 포함하는 도시재생사업으로 바뀌었다. 록본기 지역은 원래 도쿄의 밤문화를 상징하는 유흥가였지만 2003년 도시재생사업으로 다시 태어났다. 록본기 힐즈 Roppongi Hills 는 주

르 코르뷔지에가 설계한 근대 서양미술관

벽에 매달린 듯한 모리미술관의 설치미술 작품

도쿄도청사 건물군의 구심적 역할을 하는 반원형의 도민 광장

거 · 쇼핑 · 호텔 · 갤러리 · 영화관 등이 복합된 '문화도심' 컨셉으로 만들어졌다. 면적이 16만 평방미터나 되는 이 단지의 특징은 용도에 따라 개성이 강한 여러 건축가가 디자인에 참여하여 다양성 속에서 통일감을 추구하는 '디자인의 복합화' 를 실현하였다는 점이다.

록본기 힐즈는 54층의 모리타워를 중심으로 구성되어 있다. 입구에는 '마망 Maman ' 이라고 부르는 거미모양의 대형 조형물이 있다. 52~53층에 위치해 있어 '천국에서 가장 가까운 미술관' 이라는 별칭이 붙어 있는 모리 미술관 Mori Art Museum 에서는 현대미술작품은 물론 건축, 디자인, 패션, 만화 등을 주제로 한 다양한 기획전이 열린다. 바닥에 누워있는 데도 마치 벽에 매달려 있는 것처럼 보이는 설치미술작품이 아주 재미있다.

신주쿠 지역의 동쪽은 쇼핑 · 식당 · 유흥가가 모여있는 성인들의 밤문화 중심이고, 1960년대에 재개발된 서쪽은 도쿄도청을 비롯하여 대학 · 미술관 등이 자리잡고 있는 공공문화의 중심이다. 1981년에 새로 지은 도쿄도청사는 유명 건축가 단게 겐조丹下建三가 설계한 지상 48층의 쌍둥이 건물로 도쿄의 랜드마크이다. 45층에는 무료로 도시경관을 감상할 수 있는 전망대가 있다. 도청사의 외부공간 디자인의 백미白眉는 제1청사와 도로 건너편의 도의회 건물을 연결하는 두 날개의 오버브리지이다. 도의회 앞에는 반원형의 대형 도민광장 Citizen's Park 이 조성되어 도청사 건물군의 구심적 역할을 하고 있다.

오늘날 도쿄는 하루 1,500만 명이 움직이는 거대도시지만, 근대도시로써의 역사는 150년에 불과한 아주 젊은 도시이다. 도쿄대학의 아시하라 요시노부 교수가 그의 저서「도쿄의 미학 -혼돈과 미학-」에서 말했듯이, 도쿄는 아메바처럼 필요 없으면 잘라 없애고 필요하면 붙이면서 성장 · 발전해 왔기 때문에 언뜻보면 무질서하고 혼돈스러워 보인다. 그러나 도쿄는 항상 신진대사를 하면서 끊임 없이 변화하고 진화하는 '숨겨진 질서' 가 존재하는 도시이다. 그리고 작은 부분에서 자족성을 찾고 '작은 공간의 미학' 을 발휘하는 매력 넘치는 도시임에 틀림없다.

세계에서 가장 아름다운 도시 중 하나인 시드니의 시가지 전경

45 다문화의 도시 시드니 호주

세계에서 가장 아름다운 도시 중 하나인 시드니는 1770년 영국의 쿡 선장이 호주 대륙을 발견하면서 죄수들의 유배지로 이용되고, 1850년대에 금광이 발견됨에 따라 이민자들이 유입되어 다문화도시로 발전하였다. 시드니의 심벌은 하버 브리지와 20세기 세계 최고의 건축작품으로 평가되는 오페라 하우스이다. 호주의 정치수도는 캔버라지만, 경제와 문화 예술수도인 시드니는, 남태평양의 아름다운 해변과 독특한 도시건축문화가 어우러져 있다. 그래서 항상 세계의 여행자들이 가장 가보고 싶은 도시 1~2위에 손꼽힌다.

시드니 항구는 이탈리아의 나폴리, 브라질의 리우데자네이루와 함께 세계 3대 미항의 하나로 손꼽히는 곳이다. 그 이유는 페리 선착장의 중심인 서큘러 키 Circular Quay 에서 오른쪽으로는 시드니 오페라 하우스가 있고, 왼쪽으로는 하버 브리지가 보이기 때문이다.

시드니 오페라 하우스의 건물형태는 하얀 조가비가 쌓여 있는 듯한 모양의 지붕이다. 높이가 일반 건물의 15층 정도인 65미터로 그리 높지 않기 때문에 그 주변지역의 건물 높이를 엄격하게 규제하고 있다. 20세기의 가장 아름다운 건축물로 선정되기도 한 오페라 하우스는 1956년 건축설계 공모전에 출품된 233개 응모작 가운데 하나였다. 재미있는 에피소드는 이미 앞서 도착한 3명의 심사위원이 선정해 놓은 안이 있었는데, 뒤늦게 도착한 사리넨 E. Saarinen 이 탈락한 안들을 다시 살펴보다가 덴마크의 웃존 J. Utzon 의 작품을 적극 추천하여 결국 당선되었다. 사리넨은 대담한 곡선형의 흰색 지붕과 독특한 건물의 형태에서 웃존의 숨겨진 창의성과 예술성을 찾아내는 탁월한 안목과 직관력을 가지고 있었기 때문이다.

재미있는 퍼포먼스가 펼쳐지는 서큘러 키 부둣가

20세기 최고의 건축작품으로 손꼽힌 시드니 오페라 하우스

오페라 하우스와 함께 시드니의 랜드마크인 하버 브리지

하버 브리지는 오페라 하우스와 함께 시드니를 대표하는 랜드마크이다. 이 다리는 1932년에 개통된 철골조이며, 길이 1,149미터로 세계에서 네 번째로 긴 아치교이다. 교량의 폭은 49미터이며, 8차선의 차도, 2차선의 철도, 자전거도로, 보행자도로로 구성되어 있다. 하버 브리지의 4개의 교각 중에서 남동쪽 교각에 있는 파일런 전망대 Pylon Lookout 에 오르면 오페라 하우스와 드넓은 바다가 펼쳐진다.

시드니 하버의 서쪽에 위치하고 있는 록스 스퀘어 The Rocks Square 는 영국에서 끌려온 죄수들이 제일 먼저 개척한 곳으로 시드니의 초창기 역사가 생생하게 살아 있는 장소이다. 이 근처에는 록스의 상징이라고도 할 수 있는 'First Impression' 이라는 제목의 조각상이 있다. 조각상의 앞면에는 쇠고랑을 찬 죄수의 모습이 있고 다른 한쪽은 군인의 모습을 하고 있다. 시드니 역사의 현장이라 할 수 있는 록스 스퀘어에는 유럽의 고풍스러운 건물들과 같은 붉은색의 사암건물과 자갈로 깔린 운치 있는 골목이 그대로 남아 있어 옛 시드니의 공간문화를 볼 수 있다.

옛 조선소가 낭만적인 복합문화단지로 재생된 달링허버

이름부터가 달콤하고 사랑스러운 달링 하버 Darling Harbour 는 과거 발전소와 조선소가 있던 코클 베이의 옛 항구를 1988년에 호주 건국 200주년을 맞아 국제회의장, 쇼핑센터, 박물관, 아쿠아리움, IMAX극장 등을 새롭게 재생시킨 곳이다. 달링 하버의 카페테라스에 앉아 시드니의 현대적이고 이국적인 항구의 풍경을 감상하는 것도 낭만적이다. 달링 하버의 최고 하이라이트는 매주 토요일 밤에 펼쳐지는 화려한 불꽃놀이다.

도심에 위치한 시청사는 1880년대에 지어진 빅토리아 양식의 건축물로 오페라 하우스가 개관되기 이전에는 콘서트 홀로 사용되었다. 그리고 타운홀은 오페라 하우스 다음으로 시드니의 랜드마크로 손꼽힌다. 그 이유는 이 건물에 쓰인 건축자재들이 모두 호주에서 생산된 것들로만 사용되었기 때문이라고 한다.

뉴 사우스 웨일즈 주립미술관에는 호주 원주민 어보리진 Australian Aborigine 의 작품과 여러 나라 예술가들의 다양한 미술작품 등이 전시되어 있다. 고려청자 등을 만날 수 있는 우리나라의 공예품 전시장을 비롯하여 중국, 일본 등 아시아 국가들의 전시물도 있다.

시드니에서 가장 높은 건물로 도시의 화려한 야경을 가장 멋지게 볼 수 있는 시드니 타워 아이 Sydney Tower Eye 는 웨스트 필드 쇼핑센터에 위치해 있다. 건물의 높이가 390미터, 전망대의 높이가 250미터로 오세아니아 대륙에서는 가장 높다고 한다.

시드니 상업중심지에 위치한 길이 500미터 정도의 보행자전용 광장인 마틴 플레이스 Martin Place 의 주변은 호주 커먼웰스 은행, 시드니 중앙우체국 등 식민지 시대의 고풍스런 건물과 현대적으로 디자인된 고층빌딩들이 함께 어우러져 있다. 이 지역은 영화나 TV 촬영지로도 유명한데, 그중 대표적인 영화가 「매트릭스」이다. 마틴 플레이스는 크리스마스 행사를 비롯하여 시드니의 주요 문화행사가 펼쳐지는 곳이다.

시드니에는 하이드 파크 Hyde Park 를 비롯하여 여러 공원이 있다. 1816년에 조성된 로열 보타닉 가든은 시드니에서 가장 큰 공원이자 왕립 식물원

보행자 전용 광장 마틴 플레이스

영국 고딕양식의 세인트 메리스 성당

이다. 식물원은 희귀한 소나무숲, 열대식물관, 장미정원, 선인장정원, 야자나무숲 등 10개의 테마로 구성되어 있다.

하이드 파크의 동쪽에는 영국 고딕양식의 건축물인 세인트 메리스 St. Merris 대성당이 자리잡고 있다. 햇살을 받으면 노랗고 붉게 빛나는 성당의 웅장한 외관과 내부에서 바라보는 화려한 스테인드 글라스의 모습이 너무 아름다워 낭만적인 결혼식장으로 이용되고 있다.

시드니에서는 도심의 오페라 하우스와 하버 브리지는 물론 달링 하버, 더블 베이, 왓슨스 베이 등 근교의 해변까지 운행하는 크루즈를 즐길 수 있다. 멋진 바다를 감상하면서 식사를 하거나 선상에서 파티를 즐기는 크루즈 여행은 시드니를 더욱 환상적인 해안도시로 돋보이게 해준다.

시드니는 세계의 도시들을 대상으로 실시하는 물질적·문화적 생활양식의 수준에 대한 평가에서 언제나 상위권을 유지해 오고 있다. 그러나 최근 인구와 사회범죄의 증가, 자동차에 의한 환경오염이 점점 심각해지고 있다. 그럼에도 불구하고 세계에서 가장 아름다운 오페라 하우스와 깨끗한 바다를 가진 시드니는 도심공간의 재생과 교통환경 개선을 통해 앞으로도 세계 최고의 관광문화도시의 지위를 유지해 나갈 것으로 전망된다.

스카이라인이 아름다운 오클랜드의 중심시가지 모습

46 돛단배의 도시 오클랜드 뉴질랜드

남태평양의 나라 뉴질랜드의 북섬에 위치하고 있는 오클랜드는 1865년 영국이 식민지 수도를 지금의 웰링턴으로 옮기기 전까지는 수도였다. '오클랜드의 모든 것은 시詩의 언어가 된다'는 말이 있다. 도시를 둘러싼 100킬로미터 이상의 해안선에 접해 있는 천연적인 숲과 하얀색의 고층빌딩이 만들어내는 조화로운 스카이라인, 유영하는 돛단배들이 연출하는 바다경관이 너무 서정적이기 때문이다. 오클랜드는 해안의 개발을 억제하고 해상자원을 적극 보존함으로써 자연스런 수변경관을 유지하고 있는 매혹적인 도시이다.

유럽인들이 도착하기 전 오클랜드에는 소수의 마오리 Maori 족이 살고 있었다. 1840년 영국의 윌리엄 홉슨 총독이 원주민들로부터 토지를 매입하여 도시를 건설하고, 1871년에 자치도시가 되면서 뉴질랜드의 중심도시로 발전하였다. 시가지의 중앙에 위치해 있는 높이 196미터의 마운트 에덴 Mount Eden 에 올라가면 질서 있는 건축물, 아름다운 항구, 파란 바다, 맑은 하늘과 구름, 그리고 자유롭게 떠다니는 돛단배들이 연출해내는 남태평양의 파노라믹한 도시풍경을 감상할 수 있다.

도심에는 한때 지구 남반구에서 가장 높았던 382미터의 오클랜드 스카이 타워가 있다. 타워의 192미터 높이에서 번지점프를 할 수 있다. 최대 번화가인 퀸 스트리트는 페리빌딩 근처의 엘리자베스 광장에서부터 시작되어 케이로드에 이르는 거리로, 쇼핑시설, 은행, 극장 등이 즐비한 현대적인 도시모습이다. 반면에 시내를 조금만 벗어나면 끝없는 초지 위에서 한가로이 풀을 뜯는 양떼들의 모습이 도시와 완벽한 대조를 이룬다.

마운트 에덴에서 바라 본 오클랜드의 스카이 타워

오클랜드 도심 내부에 위치한 문화적·역사적 유물은 신중하게 보존되어 있어 옛것과 새것이 조화와 균형을 잘 유지하고 있다. 특이한 것은 고층 건물이 도심의 한가운데만 집중되어 있는데, 이것은 아름다운 도시경관 조성을 위해 시 당국에서 체계적으로 스카이 라인을 관리한 결과이다.

뉴질랜드는 원래 맹수와 뱀이 없는 새들의 천국이다. 오클랜드에서 시커먼 매연을 내뿜는 공장은 좀처럼 찾아보기 힘들다. 오래 전부터 굴뚝사업인 2차산업의 육성을 기피하고 있다. 그 이유는 공산품을 100퍼센트로 해외수입에 의존한다 해도 자연환경을 훼손시키는 일은 절대 하지 않겠다는 뉴질랜드 정부의 기본원칙 때문이라고 한다.

오클랜드 시 정부가 추진하고 있는 친환경정책의 핵심은 자연의 순리를 존중하는 것이다. 예를 들어 목장마다 빗물로 자연정화가 가능할 정도로 가축의 개체 수를 제한하고 있다. 그리고 지역에 따라 대규모 고밀지역에는 대형마트가 활성화되어 있는 반면, 소규모 주거지역에는 작은 규모의 상점들이 들어서 있다. 이것은 시 당국이 적극적으로 상권을 분산시켜 인구 수

오클랜드 항구와 주변의 업무지구

에 맞게 가게의 규모나 숫자를 배정함으로써 같은 업종의 업체가 한 지역에서 경쟁하는 것을 방지 하도록 유도한 결과이다.

오클랜드 젊은이들에게 돈을 벌면 가장 먼저 사고 싶은 물건이 무엇이냐? 라고 물으면, 대부분 좋은 요트를 갖고 싶다고 한다고 한다. 오클랜드는 세계에서 도시인구 1인당 요트 소유대수가 가장 많아 '돛단배의 도시 **City of Sails**' 라는 애칭을 가지고 있다. 항구에 가지런히 정박되어 있는 형형색색의 요트들을 바라보면, 왜 오클랜드가 돛단배의 도시라는 애칭을 가지게 되었는지 실감하게 된다.

최근 오클랜드에서는 '도보 스쿨버스' 프로그램이 널리 운영되고 있다. 자녀를 개별적으로 자동차에 태워 등하교시키는 대신 학부모들의 지도하에 걸어서 등·하교할 수 있는 특정 지점에서 자녀를 승·하차하게 하는 것이다. 이 프로그램을 시행한 결과 자동차 통행량과 대기오염 물질이 크게 감소하고 비만 아동들도 줄어들었다고 한다.

오클랜드의 상징이자 젊은이들의 꿈 요트

스탠리 파크에서 바라 본 밴쿠버 도심의 모습

47 자연과 문화의 도시 밴쿠버 캐나다

벤쿠버는 1870년 목재업기지로 출발하여 1895년 대륙횡단철도의 종점이 되면서 캐나다 서부 최대의 무역항이자 상공업도시로 발전하였다. 도시 북쪽에는 만년설이 있지만 시가지가 산과 바다, 녹지 등 자연으로 둘러싸여 있고, 기후도 4계절 온난하다. 인구가 60만 명이 넘는 대도시지만, 아름다운 해안과 멋진 정원을 갖춘 고급주택이 많아 조용한 해안 휴양도시의 분위기이다. 밴쿠버는 자연과 인간을 존중하는 역사와 전통이 도시와 건축 문화에 그대로 녹아 있어 항상 세계에서 가장 살기 좋은 도시의 하나로 손꼽힌다.

도시 동쪽에 위치한 개스타운 **Gastown** 은 1867년부터 건설된 올드타운 지역이다. 개스타운이라는 이름은 영국의 전설적인 개척자이자 술집주인이었던 존 데이튼의 별명 개시 잭 **Gassy Jack** 에서 따온 것이다. 거리에는 술통 위에 술취한 모습으로 서 있는 그의 동상이 있다. 캐나다의 국가사적으로 지정되어 있는 이 역사적 거리는 19세기 빅토리아 양식의 건축물과 현대적인 첨단 건축물이 조화롭게 어우러져 있다. 개스타운 지역은 개성있는 디자인의 외부장식과 실내 분위기를 갖춘 레스토랑, 카페, 기념품가게가 즐비하여 언제나 세계의 여행자들로 북적거린다.

개스타운에는 세계 최초의 증기시계가 눈길을 끈다. 레이먼드 손더스라는 시계제작자에 의해 만들어진 이 시계는 한 시간마다 종이 울리고 15분 간격으로 강한 휘파람 소리를 내며 증기가 뿜어나온다. 높이 5.5미터, 폭이 사방 1미터로 디자인된 증기시계는 밤에 더욱 빛난다. 시계의 눈금판과 이것을 둘러싸고 있는 네모의 테두리가 금빛이기 때문이다.

15분 간격으로 휘파람 소리를 내는 개스타운 거리의 증기시계

공장과 창고가 문화상업공간으로 재생된 퍼블릭 마켓

밴쿠버의 랜드마크인 캐나다 플레이스

도심 서남쪽에 있는 작은 섬 그랜빌 아일랜드 Granville Island 는 원래 오래된 공장과 창고가 있었던 곳이 1978년부터 도시재생사업에 의해 새로운 문화상업공간으로 다시 태어난 지역이다. 퍼블릭 마켓 Publk Market 은 해산물·육류·과일 등 신선한 식품을 팔고 있어 구경만으로도 즐거움을 만끽할 수 있다. 상업시설뿐만 아니라 예술학교·영화관·간이 공연장이 있다. 날씨가 좋을 때는 서커스 공연도 펼쳐지고, 여름철에는 재즈페스티벌이나 포크뮤직 페스티벌이 열려 여행자들에게 인기가 많다. 도시재생 성공 사례로 손꼽히는 이곳에는 연간 1,200만 명 정도가 방문한다.

1986년 밴쿠버엑스포 때 전시장으로 지어진 캐나다 플레이스 Canada Place 는 지금은 국제회의장으로 이용되고 있다. 흰 돛을 단 5척의 배 모습을 형상화한 디자인이 독특하여 밴쿠버의 랜드마크로 되어 있는 건물에는 회의장 외에도 크루즈 선박터미널, 호텔, 아이맥스 영화관, 세계무역센터 등이 들어 있다.

바다 위에 떠 있는 듯한 밴쿠버 컨벤션센터의 야경

캐나다 플레이스 바로 북쪽에 마치 바다 위에 떠 있는 듯한 건물은 전시 및 회의 전용으로 만들어진 컨벤션센터이다. 밴쿠버항의 바다 위에 자유롭게 유영하는 하얀 요트와 쉴새 없이 하늘을 뜨고 내리는 수상비행기들이 연출하는 환상적인 바다풍경은 세계의 어느 도시에서도 찾아보기 힘들다. 역시 바다와 큰 호수가 있는 도시가 상쾌하고 아름답다.

도심 서쪽에 있는 스탠리 파크 Stanly Park 는 면적이 약 4평방킬로미터로 뉴욕의 센트럴 파크보다도 더 크다. 1888년 당시 캐나다 총독이었던 스탠리 경의 이름을 따 인공적으로 만든 도시공원이지만, 거의 원시림으로 이루어져 있다. 공원의 남쪽에는 독수리, 까마귀 등 동물들을 형상화한 토템기둥 Totem Poles 을 모아 놓은 토템공원이 유명하다. 토템폴은 인디언 원주민들이 기도하던 종교문화공간이다. 스탠리 파크에서 자전거를 타는 사람, 조깅을 하거나 산책하는 사람, 시원한 나무그늘이나 벤치에 앉아서 책을 보는 사람들이 정말 여유있고 평화로워 보인다.

인디언 원주민들이 기도하던 토템폴

도심 서쪽 끝 센트럴역 부근에서 붉은색 기와지붕의 게이트를 지나면서부터 차이나타운이다. 이곳에는 온통 붉은색 간판을 단 상점과 중국음식점, 한약방들이 밀집되어 있다. 중국계 이민자들은 100년 이상의 세월이 흘렀음에도 불구하고 그들의 건축양식이나 간판, 음식, 민속행사 등 전통문화를 계속 이어오고 있다는 사실이 놀랍기만 하다.

밴쿠버는 미국의 잡지 「이코노미스트」가 전세계 140개 도시를 대상으로 평가한 '세계에서 가장 살기 좋은 도시 2017' 에서 호주의 멜버른, 오스트리아의 빈에 이어 3위를 차지했다. 그 이유는 무엇보다도 해안을 시가지로 개발하지 않고 도시공원으로 보존하고, 공원 안에는 미술관·해양박물관·도서관·컨벤션센터와 같은 문화예술공간을 배치함으로써 자연과 문화를 잘 조화시켰기 때문이다. 아름다운 도시를 만드는 것은 어디를 잘 개발하느냐의 문제가 아니라 어디를 어떻게 보존하느냐의 문제라는 사실을 밴쿠버가 잘 설명해주고 있다.

붉은색 기와지붕의 차이나타운 입구의 게이트

온타리오 호수의 유람선에서 바라 본 CN타워와 중심업무지구

48 이민자의 도시 토론토 캐나다

인디언 말로 '만남의 장소'라는 뜻을 지니고 있는 토론토의 역사는 1749년 프랑스인들이 무역항을 건설하면서부터 시작되었으며, 영국에 점령되어 요크 York 라고 불렸다. 몬트리올이 프랑스계 도시라면, 토론토는 영국계 도시이다. 토론토는 캐나다 이외의 나라에서 태어난 인구가 전체의 절반을 차지하는 다민족 도시로, 시내 곳곳에서 각 나라의 전통문화를 찾아 볼 수 있다. 다양한 일자리, 낮은 범죄율, 아름다운 수변경관을 자랑하는 토론토는 세계에서 가장 살기좋은 도시 중 하나이다.

토론토는 온타리오 호숫가에 면하고 있는 항구와 철도역 Union Station 을 중심으로 발전하였다. 도심 동쪽에 위치한 디스틸러리 Distillery 지구는 원래 위스키를 제조하던 공장이었던 곳을 2003년 도시재생사업을 통해 역사적인 건축물의 외관은 그대로 보존하면서 공방과 갤러리, 카페, 레스토랑 등을 유치함으로써 새로운 문화예술공간으로 다시 태어났다. 이곳은 40개동이 넘는 붉은색 벽돌 건물과 10개의 도로로 구성되어 있으며, 국가의 역사보존지구로 지정되어 있다. 디스틸러리 지구는 토론토의 역사와 문화가 가장 잘 살아 숨쉬고 있는 보행자천국이다.

이민자들이 많은 세계의 대도시가 대부분 그러하듯이 토론토에도 유대인 거주지, 인도인 거주지, 차이나타운, 코리아타운, 리틀 이탈리아, 리틀 자메이카 등 소수민족의 거주지가 여럿 있다. 도심 서쪽의 차이나타운에는 수많은 중국음식점과 저렴한 가격으로 판매하는 상점들이 즐비하여 언제나 많은 사람들로 북적거린다. 수십 가지의 메뉴를 자랑하는 음식점에서는 영어가 통하지 않는 곳도 많다. 전봇대에 설치된 쓰레기를 무단으로 버리면 최고 만 달러의 범칙금을 내야 한다는 경고문이 재미있다.

차이나타운 바로 옆에 위치한 켄싱턴 마켓 Kensington Market 은 토론토에서도 가장 다양하고 전통적인 공간문화를 보여준다. 이 지구는 19세기 빅토리아 시대에 지어진 오래된 집들이 그대로 남아 있어 국립 역사보존지구로 지정되어 있다. 이 곳의 옷가게에서 대부분 히피스타일의 독특한 옷들을 판매하고 있다. 대마초를 피는 사람들도 자주 볼 수 있다.

토론토는 온타리오 호수를 따라 공원과 녹지, 넓은 산책로, 자전거길 등이 연결되어 있다. 다운타운의 호숫가에는 고층빌딩과 토론토 섬으로 출발하는 항구가 있다. 온타리오 호수의 유람선에서 바라보면 CN타워와 미국 메이저리그 야구 블루제이스 팀의 곡선형의 하얀색 스타디움, 바다 위의 선박들이 만들어내는 수변경관이 정말 환상적이다.

토론토의 스카이라인 변화를 주도하는 것은 역시 은행과 호텔이다. 1850년대에는 성 제임스 성당 St. James Cathedral 이 제일 높은 빌딩이었으

과거 위스키 공장이 예술 문화공간으로 재생된 디스틸러리 지구

언제나 사람들이 북적거리는 차이나타운의 번화가

나, 지금은 CN타워와 은행빌딩군이 도시의 스카이라인을 주도하고 있다. 1976년에 완공되어 30년간 세계에서 가장 높은 건축물의 자리를 지켜 왔던 높이 553.3미터의 CN타워는 명실공히 토론토를 대표하는 랜드마크이다. 뿐만 아니라 346미터 높이의 공중에 떠 있는 기분을 느낄 수 있는 대형 유리 바닥, 몸에 줄을 메고 타워 밖 주변을 걷는 에지 워크 edge walk 등 즐길거리가 많다. 계단을 통해 걸어서 꼭대기까지 올라가는 행사에는 해마다 수 많은 사람들이 참가하고 있다고 한다.

시내 중심가에 있는 상업업무용 빌딩은 매월 5월 '도어 오픈 토론토 Door Open Toronto' 행사를 통해 건축과 역사, 문화, 사회적으로 중요한 100여 동의 건물 내부를 자유롭게 드나들 수 있다. 이 행사는 토론토에서 처음 시작하여 지금은 캐나다와 미국 전역으로 퍼져 나갔다.

토론토 다운타운의 푸른 심장으로 불리는 퀸즈파크 맞은편에 위치한 로열온타리오뮤지엄 ROM 은 약 620만 점의 소장품을 가진 캐나다 최대의 박물관이다. 영국의 대영박물관이나 프랑스의 루브르박물관에 견주어도 손색이 없다. 1857년에 자연사박물관으로 처음 지어져 1912년에는 현대미술관으로, 2007년에는 새롭게 증축되어 현재의 모습이 되었다. 미국의 리베스킨트 D. Libeskind 가 디자인한 ROM은 오래된 석조건물을 거의 그대로 살린 상태에서 새로운 크리스털 건물로 지어 형태와 재료의 아이러니한 조합 때문에 많은 논란을 일으켰다. 그러나 자연재료와 인공재료, 옛것과 새것을 공존하게 디자인한 건물외관이 아주 인상적이다.

토론토 시내 중심부에 위치한 이튼 센터 Eaton Center 는 대규모 쇼핑센터로서 250개 이상의 상점과 다양한 음식점들로 이루어져 있다. 연면적 약 16만 평방미터의 거대한 건축규모에 450미터의 긴 지하도로로 연결되어 있다. 이튼 센터는 겨울이 유난히 추운 토론토에서도 날씨에 구애받지 않고 쇼핑을 하거나 걸을 수 있는 매력 있는 보행공간이다.

캐나다의 문화와 경제의 실질적인 수도 역할을 하고 있는 토론토는 금융과 IT, 문화예술 분야가 활발하여 항상 세계의 경제도시 10위 안에 들어

옛 석조건물과 크리스털 건물이
공존하는 로열온타리오뮤지엄(ROM)

세계에서 가장 큰 지하 쇼핑몰로 유명한 이튼센터

간다. 북쪽의 헐리우드라고 불리는 토론토에서는 뉴욕과 동시에 최신영화가 상영되며 장기공연되는 뮤지컬을 볼 수 있다. 날씨가 따뜻해지는 5월부터 다양한 문화축제가 열리는데, 그중에서도 '토론토국제영화제'가 가장 화려하다.

토론토에 거주하는 사람들을 토론토리안 Torontorians 이라 부른다. 이민자 도시인 만큼 종교와 문화를 가진 민족들 누구나 차별없이 토론토 시민이라는 뜻이라고 한다. 흔히 토론토는 독자적인 얼굴이 없는 도시라고 말한다. 그러나 다양한 민족들의 있는 그대로의 문화와 전통을 최대한 인정해주고 조화롭게 융합하는 것이 바로 토론토의 독특한 문화라고 말할 수 있을 것 같다.

보스턴의 중심업무지구(CBD) 모습

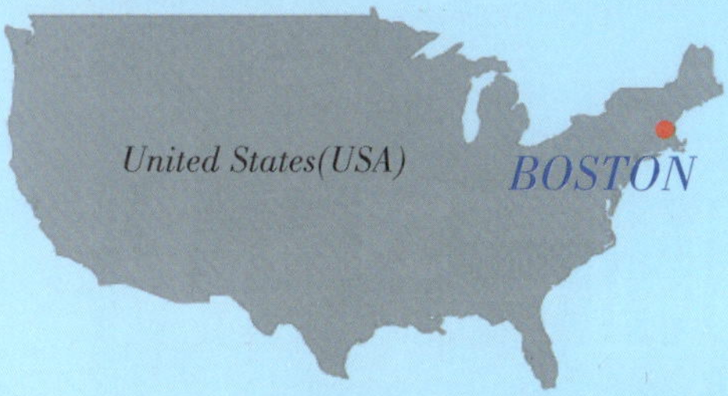

49 세계의 지식 중심 도시 보스턴 미국

보스턴은 미국의 역사도시이자 세계적인 교육도시이다. 도시의 역사는 1630년 영국에서 건너온 청교도들이 샤우무트 Shawmut 반도에 정착하면서부터 시작되었다. 미국 독립전쟁 중 몇몇 전투가 보스턴에서 일어났고, 독립 후에는 무역과 제조업의 중심지가 되었다. 이러한 역사적 배경과 문화유산으로 인해 매년 1,600만 명 이상의 관광객이 이 도시를 찾고 있다. 사람들이 보스턴을 미국에서 가장 매력 있는 도시로 손꼽는 것은 하버드와 MIT 같은 세계 최고의 대학이 있고, 역사도시의 이미지를 가지고 있기 때문이다.

보스턴에는 원래 세 개의 언덕이 있었다. 그 중 두 언덕은 바다를 매립하기 위해 사용되었고, 셋 중 가장 작은 비컨 힐이 당초의 절반 높이 정도만 남아 있다. 다운타운과 그 주변지역은 영국풍의 저층 벽돌구조이거나 석조 건축양식의 오래된 건축물이 많다. 다운타운 거리는 17세기 때 언덕 위에 마차길로 만들어졌기 때문에 도로의 폭이 좁고 형태도 일반 미국도시와는 달리 바둑판 모양이 아니라 매우 불규칙하다.

미국에서 가장 오랜된 보스턴 커먼 공원

노예 반대 연설을 한 파크 스트릿 교회

황금색 돔 건축양식의 매사추세츠주 의사당

보스턴의 역사를 체험할 수 있는 장소가 '자유의 길 Freedom Trail' 이다. 약 4킬로미터의 보행자 도로 위에 빨간색 선으로 표시된 이 역사 탐방로는 미국에서 가장 오래된 국립공원인 보스턴 커먼 Boston Common, 미국 독립이 선포된 옛 주청사, 노예제도 반대 연설을 한 파크스트릿 교회, 금빛으로 된 돔 건축양식의 매사추세츠주 의사당, 붉은 벽돌로 지어진 퍼네일 홀, 퀸시 마켓, 벙커힐 기념탑 등으로 이어진다. 자유의 길을 따라 위치해 있는 역사유적지들은 새로운 자유민주주의 국가를 건설하려고 했던 미국인들의 강렬한 정치적 의지를 보여주고 있다.

보스턴 커먼과 퍼브릭 가든을 가로질러 서쪽으로 가다 보면 직선으로 뻗어 있는 길 양측으로 오래된 붉은 벽돌의 타운하우스들이 위치하고 있다. 청교도들이 보스턴에 정착한 이후 수십 년에 걸쳐 매립사업을 통해 확보한 땅에 형성된 주거지역인 백 베이 Back Bay 가 바로 이곳이다. 미국의 도시문명 비평가인 루이스 멈포드는 이 지역을 '19세기의 미국 도시계획 가운데 가장 훌륭한 업적의 하나' 라고 칭찬한 바 있다.

그러나 이 지역은 20세기를 지나면서 두 얼굴을 보여주는 지역으로 변모되었다. 하나는 잘 보존된 19세기의 타운하우스가 밀집된 역사적인 지역

보스턴의 상징인 백 베이 지역의 붉은 벽돌 타운하우스

백 베이 지역의 고층빌딩군

미국 독립전쟁 때에는 집회장이었지만 쇼핑센터로 변한 퍼네일 홀

창고를 쇼핑시설로 변모시킨 퀸시 마켓 내부공간

이고, 또 다른 하나는 20세기 도시계획의 실패작으로 평가받는 초현대적인 프루덴셜 센터와 존 핸콕 타워 John Hancock Tower 등이 위치한 지역이다. 건축재료가 단순하고 높이가 통일되어 있는 타운하우스 지역이 재료와 높이가 제각각인 고층빌딩 지역보다 훨씬 더 아름답고 이미지가 강하게 남기 때문이다. 붉은 벽돌 건물은 오늘날 보스턴의 상징이 되었다.

보스턴이 시로 승격한 1822년 무렵, 시내에 상업의 수요가 늘어나게 되자 상업공간을 확보하기 위하여 항구 일부를 매립하여 퀸시 마켓을 건축하였다. 개업 당시에는 주로 식료품을 취급하는 쇼핑거리였다. 그러나 1970년대 이후 재개발을 통해 문화공간을 갖춘 복합쇼핑센터로 탈바꿈하였다. 지금은 수많은 음식점, 옥외 카페, 특산물 가게 등이 밀집해 있어 보스턴 최고의 관광명소로 손꼽히고 있다. 건물의 양쪽 끝부분에 있는 광장에서는 시간대별로 다양한 퍼포먼스와 이벤트가 펼쳐진다.

퀸시 마켓 옆에는 퍼네일 홀 Faneuil Hall 이 있다. 1740년에 3층의 붉은 벽돌로 지어진 이 건물은 원래 공설시장이었으나 독립전쟁 시에는 집회장으로써 큰 역할을 하여 '자유의 요람' 으로 불리는 역사적 건물이다. 건물 꼭대기에는 메뚜기 모양의 풍향계가 달려 있고 입구에는 독립운동을 한 애덤스 S. Adams 의 동상이 서있다. 지금은 마켓 플레이스로 이용되고 있다.

보스턴은 오래 전부터 세계적인 학문의 중심지였다. 보스턴이 교육도시로서 가진 면모는 미국의 교육역사에서 극명하게 드러난다. 미국 최초의 교육은 대부분 보스턴에서 시작되었다. 청교도들의 가장 중요한 관심사 가운데 하나가 좋은 교육기관을 설립하는 것이었기 때문이다.

현재 보스턴에 소재한 대학은 총 35개에 이르고 주변지역까지 포함하면 68개의 대학이 있다. 우리에게 잘 알려진 하버드대학, MIT, 보스턴대학도 바로 이 도시에 있다. 1636년 미국 최초로 설립된 하버드대학의 발전에 크게 기여한 청교도 성직자인 존 하버드 John Harvard 동상 앞에는 그의 왼쪽 발을 만져보려는 사람들이 줄서 있다. 특히 한국 사람들이 많은데, 왼쪽 발을 만지면 하버드대학에 입학할 수 있다고 믿기 때문이라고 한다.

독특한 디자인의 MIT캠퍼스 건축물들

보스턴은 '미국의 아테네' 라는 별칭을 가지고 있다. 보스턴이 미국 대학의 발원지일 뿐만 아니라 보스턴 대도시권 내에 있는 100개 이상의 대학에서 교육과 연구활동이 활발히 이루어지고 있기 때문이다. 보스턴과 케임브리지에만 대학생 수가 25만 명을 넘는다. 보스턴에 있는 대학들은 주변지역에 첨단산업을 유치하는 경제효과도 매우 크다고 한다.

보스턴은 미국에서 지하철이 가장 먼저 개통된 도시이다. 보스턴은 '워킹 시티 Walking City' 라는 애칭이 있는 것처럼 도시 인구의 13퍼센트 정도가 걸어서 통근·통학을 하고 있다. 가장 최근에는 보스턴이 세계의 자율운행자동차 개발을 선도하는 도시로 부각되고 있다. 보스턴을 보수적인 교육문화도시와 진보적인 첨단산업도시의 두 얼굴을 가지고 있다.

마천루의 도시 맨해튼의 자유의 여신상과 시가지 전경

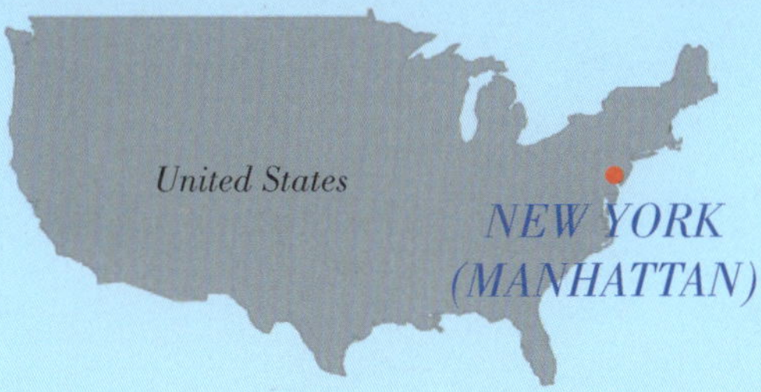

50 마천루의 도시 뉴욕 미국

뉴욕은 보통 뉴욕시의 5개 지역 brough 중 하나인 맨해튼을 말한다. 17세기 초 네덜란드인들이 맨해튼 섬을 헐값에 사들여 뉴암스테르담이라 이름지었고, 영국령이 되면서 지금의 뉴욕으로 바뀌었다. 18세기말 이래 미국의 상업·금융·무역의 중심도시로 발전하였으며, 1920년 이후 건축적으로 이른바 마천루 skyscraper 도시로 유명하다. 뉴욕에는 세계 금융을 좌우하는 월 스트리트거리, 세계적인 대학, 현대미술관, 공연시설들이 있다. 뉴욕은 21세기의 경제와 문화패러다임을 창조해가는 명실상부한 글로벌도시이다.

맨해튼은 크게 세 지역으로 나누어진다. 맨 먼저 형성된 다운타운에는 차이나 타운과 로어 맨해튼 Lower Manhatten, 소호, 첼시, 뉴욕대학 등 교육 문화시설이 있다. 미드타운에는 세계에서 가장 번화한 타임스퀘어, 엠파이어 스테이트 빌딩, 크라이슬러 빌딩, UN본부 등이 모여 있어 맨해튼의 핵심을 이룬다. 그리고 업타운에는 센트럴파크와 그 주변에 많은 박물관이 있고, 컬럼비아대학과 과거 흑인 빈민가로 유명했던 할렘이 자리잡고 있다. 맨해튼 섬 남쪽 끝에 위치하고 있는 월 스트리트 Wall Street 부근에는 1792년에 설립된 세계경제의 흐름을 좌우하는 증권거래소와 은행 등 금융기관들이 빽빽하게 자리잡고 있다.

뉴욕의 랜드마크는 역시 리버티 섬에 세워져 있는 자유의 여신상 Statue of Liberty 이다. 이 여신상은 1886년 프랑스 정부가 미국 독립 100주년을 기념하여 꿈과 희망을 갖고 대서양을 통해 미국으로 들어오는 이민자들을 따뜻하게 맞아주기 위해 만들어 기증한 것이다. 높이가 94미터인 자유의 여신상은 오늘날 인류의 자유와 평등을 상징하는 아이콘이 되었다.

피어 17은 과거 이스트강에 선박들이 정박하는 부두였다. 그러나 점차 항구기능이 쇠퇴해지면서 1970년대에 수변공간의 경관적 매력을 살려 쇼핑시설과 레스토랑이 들어섰고, 재미있는 퍼포먼스가 펼쳐지는 광장이 조성되었다. 이곳에서는 다리 중간에 고딕양식의 아치가 세워져 있는 브루클린 다리와 어우러진 브루클린 지역의 아름다운 모습을 볼 수 있다. 브루클린 다리 Brooklin Bridge 는 1,053미터로 1883년 개통할 당시에는 세계에서 가장 길었던 교량이다. 걸어서 통과하려면 약 30분 정도 걸린다.

뉴욕에는 1970년대부터 오래되어 버려진 공장이나 창고들을 예술가들의 아틀리에나 전시공간으로 활용하는 문화거리가 유명하다. 그 대표적인 장소가 소호 Soho 이다. 소호와 유사한 지역으로 첼시 Chelsea 가 있다. 1990년대 이후 소호 지역의 임대료가 올라가자 가난한 예술가나 갤러리들이 이 지역으로 옮겨온 것이다. 소호와 첼시 거리는 규모는 작지만 현대미술전시공간으로는 아무런 손색이 없다.

고딕양식의 아름다운 아치가 돋보이는 부르클린 다리

뉴욕에서 성공적인 도시재생으로 세계의 주목을 받는 명소가 하이라인 High Line 이다. 하이라인은 원래 1930년대에 화물수송을 위한 철도였지만 흉물로 방치되자 1990년대 말 하이라인을 철거하도록 계획되었다. 그러나 비영리단체인 '하이라인 친구들' 에 의해 보존·재생하는 방향으로 계획이 수정되었다. 이 계획에 따라 나무를 심고 벤치를 놓아 시민들이 산책하고 휴식할 수 있는 가로공원으로 조성되었다. 이곳이 공원으로 조성되자 과거에 자주 일어났던 범죄가 단 한 건도 발생하지 않았다고 한다.

맨해튼에서 가장 번화한 거리는 역시 브로드웨이다. 맨해튼 남북을 사선으로 연결하는 이 가로는 뉴욕에서 가장 오래된 넓은 도로이다. 특히 브로드웨이 42번가와 43번가에 이르는 타임스퀘어 Times Square 는 세계에서 가장 번화한 광장이다. 주변에는 수많은 극장(영화, 뮤지컬)·호텔·레스토랑들이 모여 있어, 연간 2천만 명의 관광객이 이곳을 찾는다. 타임스퀘어 주변에 있는 전광판의 광고료는 세계에서 가장 비싼 것으로 알려져 있다.

화물수송철도가 가로공원으로 재생된 하이라인

세계에서 가장 번화한 거리 브로드웨이의 타임스퀘어

록펠러 플라자는 지하광장 sunken plaza 으로 만들어졌기 때문에 분위기가 아늑하다. 특히 여름철에는 분수대이지만 겨울철에는 스케이트를 탈 수 있도록 활용되어 뉴욕 시민들의 사랑을 받고 있다.

맨해튼의 도시계획은 1811년에 수립되었는데, 맨해튼 중심에 자리잡고 있는 센트럴 파크 Central Park 는 그 건설과정이 우리에게 교훈을 준다. 처음 세운 도시계획에서는 대부분의 토지를 주거와 상업용으로 배분하였다. 그러나 공원녹지가 숨막힐 듯 부족하다는 시민들의 지적에 따라 개발이 시작된 지 40여 년이 지난 뒤에 시정부가 이미 매각했던 토지 840에이커(약 100만 평)를 550만 달러에 다시 사들여 세계에서 가장 큰 도심공원으로 조성했기 때문이다. 오늘날 삭막한 고층빌딩 숲속에서 사는 시민들에게 숨통을 트여주는 허파이자 문화공간인 센트럴 파크 없는 뉴욕은 상상조차 할 수 없게 되었다. 최근에는 새로 짓는 건물은 물론 기존 건물의 지붕에도 옥상정원을 만들어 레스토랑이나 카페로 활용하는 추세이다.

계절에 따라 용도가 바뀌는 록펠러 센터의 지하광장

고층빌딩 숲의 맨해튼 거리

삭막한 맨해튼의 허파이자 오아시스인 센트럴 파크

20세기 말 이후 뉴욕은 세계 문화예술의 중심도시로 확실하게 자리매김되었다. 대표적인 문화거리 중 하나가 센트럴 파크 동측에 위치하고 있는 뉴욕 메트로폴리탄 미술관과 구겐하임 미술관 등 수많은 뮤지엄과 갤러리들이 1마일 범위 내에 모여 있는 이른바 '뮤지엄 마일' 이다.

원 월드 트레이드 센터 One Wold Trade Center 는 2001년 공중테러로 붕괴된 세계무역센터(WTC)가 있던 그라운드 제로 위에 다시 지은 건물이다. 911 테러 이후 13년 간의 아픔을 이겨내고 2014년에 다시 부활한 일명 프리덤 타워는 높이 541미터(104층)로 세계에서 4번째이고, 미국에서는 가장 높다. 건축디자인은 국제현상공모에서 당선된 리베스킨트 D. Libeskind 설계안을 대폭 수정하여 이루어졌다. 폴란드 출생의 미국 건축가인 리벤스킨트는 50세 이전까지는 건물을 지어 본 적이 없었던 '늦게 꽃이 핀 건축가' 였다. 그는 '예술가는 건축을 못하지만 건축가는 예술을 할 수 있다' 는 어머니의 말에 따라 건축공부를 시작했다고 한다.

구겐하임 미술관은 미국 철강계의 거물이었던 구겐하임 Solomon R. Guggenheim 이 낸 기금으로 1959년에 완성되었다. 달팽이 모양의 외관으로 디자인된 이 미술관은 반역사적이고 탈도시적인 건축으로 20세기 걸작 중 하나로 손꼽히고 있다. 20세기 3대 거장 건축가의 한 사람인 라이트 Frank L. Wright 가 말년에 설계한 작품이기도 하다. 주로 전위적인 작품을 소장하고 있는 구겐하임 미술관은 스페인의 빌바오, 이탈리아의 베네치아 등 세계의 여러 도시에도 분관을 두고 있다.

오늘날 뉴욕에는 연간 5천만 명 이상의 세계 관광객이 찾아 오고 있지만, 과거 타임스퀘어 주변은 아주 지저분하고 위험한 곳이었다. 그러나 1994년에 검사 출신의 루돌프 줄리아니 R. Giuliani 가 뉴욕시장이 되면서 치안상태가 획기적으로 좋아져 관광객이 크게 증가했다. 특히 밤에는 지금도 타임스퀘어 주변에는 뉴욕경찰 NYDP 이 골목골목을 순찰하는 모습을 볼 수 있다. 도시가 지속적으로 발전하기 위해서는 안전하고, 변화하며, 윤리적이어야 한다는 역사적 진실을 뉴욕이 아주 잘 증명해 주고 있다.

그라운드제로에 재건된 원 월드 트레이드 센터의 연못

라이트의 걸작 달팽이 모양의 구겐하임 미술관

잉카 문명이 살아 숨쉬는 쿠스꼬 시가지 모습

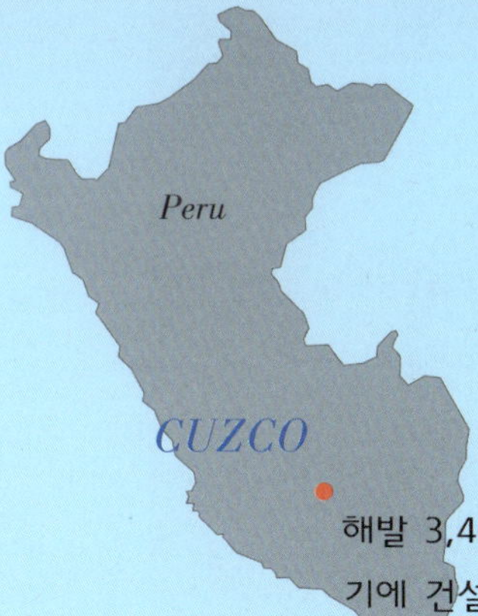

51 잉카문명의 역사 도시 쿠스꼬 페루

해발 3,400미터의 고산지대에 입지하여 '지구의 배꼽'이라는 뜻을 가진 쿠스꼬는 13세기에 건설되어, 16세기 스페인의 침략 이전까지는 잉카제국의 수도로써 크게 번성했다. 스페인 정복자들이 기존 도시를 파괴하고 그 자리에 세운 광장·시청·성당 등이 남아 있기 때문에 얼핏 보면 유럽 역사도시의 분위기이다. 하지만 오로지 거대한 돌로 만들어진 가로와 건축물을 통해서 잉카인들의 우수한 석조건축문화를 알 수 있다. 쿠스꼬는 '숨겨진 공중도시' 마츄픽츄를 찾는 세계 여행자들이 거쳐가는 교통의 거점이다.

원래 잉카 Inca 는 태양의 마을 또는 황제를 일컫는 말이었다. 잉카제국은 독자적인 언어(케추아어)와 우주관을 가지고 있고, 행정관료체계를 갖추고 있었기 때문에 멕시코의 마야문명과 함께 '세계 7대 문명발상지' 의 하나로 손꼽힌다. 13세기경 잉카제국을 건설한 망코 카팍 Manco Capac 왕은 15세기에는 안데스 산맥의 쿠스꼬 분지를 수도로 정하고, 잉카문명을 상징하는 태양의 신전 Templo del Sol 을 지었다.

스페인의 피사로 F. Fisaro 가 180명의 군인을 데리고와 잔혹하게 사람을 죽이고 도시를 점령했을 때, 태양의 신전 석벽에는 황금덩어리가 여기저기 박혀 있었을 정도로 번성했었다고 한다. 태양의 신전 일부는 아직도 남아 있어 당시 거대한 돌로 만들어진 성벽, 문, 건물벽 등을 볼 수 있다.

센트로라고 불리는 구시가지는 완벽하지는 않지만 격자형 가로망으로 짜여져 있다. 도시의 중심인 아르마스 Armas 광장은 당시 스페인 군대가 주둔했던 장소지만, 잉카시대에도 정치의 중심지였다. 광장 중앙에는 벤치와

아르마스 광장에서 펼쳐지는 잉카인들의 전통민속행사

분수조각상이 있다. 광장을 둘러싸는 아케이드 형태로 디자이된 흰색의 건물 벽에 설치된 진한 파란색의 발코니가 인상적이다. 주말에는 잉카인들의 전통 민속행사가 펼쳐지고 야시장도 열린다. 투박스런 돌포장 도로 위에 빨갛고 파란 원색의 펑퍼짐한 주름치마를 입고 아주 작은 모자를 쓴 아낙네들의 모습은 전혀 다른 세계에 와있는 느낌을 준다.

잉카제국에서는 도시공간을 구성하는데 있어서 태양과 관련한 시간과 공간의 개념이 적용되었다. 태양의 방위인 북쪽을 향해 도시의 입지가 정해지고 중심축 가로와 주요 건축물들이 배치되었다. 아르마스 광장의 중앙에서 북쪽으로 뻗어 있는 태양의 도로 Avenue de Sol 는 고대 중국이나 우리나라의 왕궁에서 남쪽을 향해 뻗은 주작대로 朱雀大路 를 연상하게 한다.

아르마스 광장 주변에는 성당과 교회, 역사박물관, 아케이드 등이 자리잡고 있다. 동쪽에 위치한 붉은색의 웅장한 대성당은 본래 잉카 최고의 존

아르마스 광장에서 북쪽으로 뻗은 쿠스꼬의 중심축 태양의 도로

재인 비라코차 Viracocha 신전이 있던 자리에 정복자들이 쿠스꼬의 방어요새였던 삭사이와만에서 돌을 가져와 세운 것이다. 성당 안에는 300톤의 은을 사용해 만든 화려한 제단, 성모상, 그림 등이 가득하다. 잉카 원주민을 닮은 검은 피부의 예수상과 페루의 전통음식인 쿠이 Cuy 가 '최후의 만찬'의 메뉴로 그려진 그림이 아주 재미있다.

대성당에 비해 규모는 작지만 쿠스꼬에서 가장 아름다운 건물이 아르마스 광장 남쪽에 있는 라 꼼파니아 La Compania 교회이다. 야경이 돋보이는 이 교회는 원래 잉카족 11대 왕의 와이나 카팍 궁전이 있던 자리에 지어졌다. 1650년에 세워진 라 꼼파니아 교회는 돔 형태의 지붕과 아치형의 창문, 섬세한 조각들이 놀라울 정도로 화려하다.

아르마스 광장 주변의 도로와 석벽은 잉카제국의 우수한 석조 건축기술의 진수를 보여준다. 특히 광장 동쪽의 골목에 있는 '12각 돌' 은 12면의 모

쿠스꼬의 심장 아르마스광장과 라 꼼파니아 교회

서리가 면도날 조차도 들어갈 수 없을 만큼 정교하게 끼워 맞춰져 있다. 도로는 중앙의 빗물 통로와 양측의 보도가 완전히 분리되어 있다.

잉카박물관 **Museo Inca** 은 규모는 크지 않지만, 박물관에는 잉카 이전과 잉카시대의 직물과 농기구·토기·도자기 등이 전시되어 있다. 쿠스꼬에서 가장 세련된 식민시대 양식의 건축물로 평가받고 있다.

남미에서 가장 위대한 도시문화유적은 쿠스꼬에서 약 110킬로미터 거리에 있는 마츄픽츄 **Machu Picchu** 이다. 1460년 경에 건설된 이 도시는 1911년 미국의 빙험 **H. Bingham** 에 의해 발견되었다. 해발 2,400미터의 고산지대에 입지하고 있으면서도 3면이 마치 거대한 수석 같은 급경사의 바위 산과 우루밤바강으로 둘러싸여 있다. 마츄픽츄는 언제나 비가 많이 오고 구름이 끼여 있어 그 신비로운 속살을 쉽게 드러내지 않는다. 그래서 마츄픽츄는 잉카문명의 '숨겨진 공중도시' 로 불리워진다.

잉카제국 석조건축의 진수를 보여주는 골목길

쿠스꼬에서 가장 세련된 식민시대의 건축물 잉카박물관

태양을 향해 서북쪽의 경사지에 입지한 마츄픽츄의 중앙에는 태양의 신전 Templo de Sol 이 자리잡고 있다. 커다란 자연석 위에 둥근 형태로 다듬은 돌을 쌓아 올려 다른 건축물과는 차이를 보인다. 이 신전은 잉카인들의 새해인 6월 21일(하지)이면 북쪽의 두 산봉우리 사이의 태양의 문 Sun Gate 으로 들어오는 신비한 햇빛을 보면서 그들이 믿는 신 파차마마 Pacha Mama 에게 제사를 지내는 신선한 장소였다고 한다.

마츄픽츄는 잉카인들의 태양을 중심으로 한 도시의 공간구성 개념과 우수한 석조건축문화를 볼 수 있는 유적들이 남아 있어 전체가 유네스코 세계문화유산으로 등재되어 있다. 특히 마츄픽츄는 1977년에 세계적인 건축·도시계획 전문가들이 모여 도시의 아이덴티티를 유지하기 위해서는 역사문화적 건축물을 보호하고, 이를 도시생활 속에 통합해야 한다는 것을 강조한 「마츄픽츄헌장」을 발표했던 장소로도 유명하다.

신비한 속살을 쉽게 드러내지 않는 '숨겨진 공중도시' 마츄픽츄 전경

안데스 산맥을 배경으로 한 산티아고의 시가지 모습

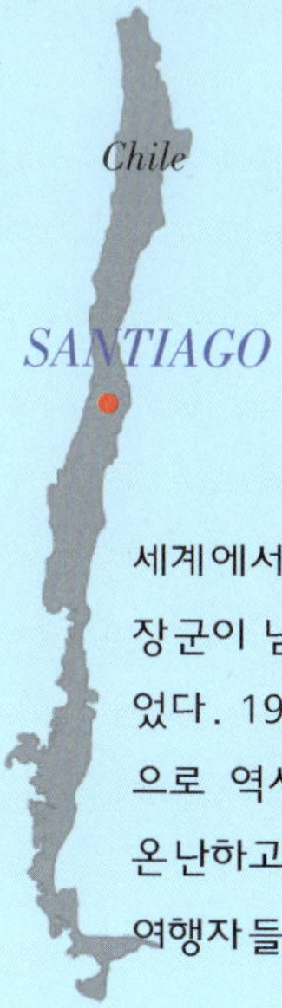

52 남미의 예술 도시 산티아고 칠레

세계에서 가장 긴 나라 칠레의 수도인 산티아고의 역사는, 1541년 스페인의 발디비아 장군이 남미대륙에서는 처음으로 아르마스 광장을 중심으로 주거지를 건설하면서 시작되었다. 1930년대부터 인구가 증가하고 산업이 발전하였으나, 여러 차례의 지진과 홍수 등으로 역사적 건축물들이 파괴되어 도시의 분위기는 단조롭고 조용하다. 그러나 기후가 온난하고 연중 오페라와 오케스트라 공연이 열리기 때문에 세계 여러 나라에서 찾아오는 여행자들로 붐빈다. 산티아고는 남미에서 유일하게 한인타운이 있는 도시이다.

스페인의 지배를 받았던 중남미지역 도시들의 중심에는 공식처럼 아르마스 **Armas** 라는 이름을 가진 광장이 위치하고 있다. 산티아고의 심장이자 시민의 휴식처인 아르마스 광장에는 분수대와 이 도시를 세운 발디비아의 기마상이 서있다. 광장 주변에는 16세기에 지어진 산티아고 대성당을 비롯하여 유럽풍의 중앙우체국, 시청, 국립역사박물관 등 공공건물과 쇼핑몰, 레스토랑, 호텔 등 상업시설들이 모여 있다.

산티아고에서 가장 번화한 곳은 역시 아르마스 광장과 연결되는 아우마다 **Paseo Ahumada** 거리이다. 옛스러운 돌 포장이 깔려 있는 이 거리에서는 전통의상을 입은 남녀의 거리탱고와 거리연주가 펼쳐진다. 생활용품과 기념품, 헌책을 팔고 있는 사람들도 여럿 있다.

아르마스 광장이 산티아고 시민들이 살아가는 모습들을 가장 가까이 볼 수 있는 곳이라면, 산 크리스토발 **San Cristobal** 언덕은 시내 전체를 한눈에

산티아고의 심장 아르마스광장과 대성당

조망할 수 있는 아주 좋은 전망대이다. 언덕의 정상에는 흰색으로 조각된 높이 18미터의 성모마리아상이 세워져 있다.

도시 한가운데에 위치하고 있는 산타루시아 Santa Lusia 언덕은 1541년 스페인의 페드로 데 발디비아 장군이 산티아고에 최초로 구축한 요새이다. 지금은 경치 좋은 도심공원으로 이용되고 있다. 「진화론」으로 유명한 찰스 다윈이 비글호를 타고 세계를 일주할 때인 1834년 이 산타루시아 공원을 방문한 적이 있다고 한다.

◀◀ 원주민 얼굴의 조각작품
◀ 전통의상을 입은 한 남녀의 거리 탱고

산티아고에서 가장 번화한 아우마다 거리

산티아고에서 가장 화려한 중앙우체국

시가지의 중심부에는 근대적인 고층건물이 많다. 1647년에 파괴되었다가 다시 지은 중세의 성당을 비롯하여, 남아메리카 최대를 자랑하는 국립역사박물관, 국립도서관, 국회의사당, 대통령궁, 중앙우체국, 칠레대학, 시립극장, 금융기관 등 국가의 중추기능기관들이 입지하고 있다. 그리고 식민시대에 세워진 중후한 건물이나 바닥에 청동을 깔아놓은 도로를 통해서 어느 정도 유럽의 품위 있는 도시 분위기를 느낄 수 있다.

산티아고는 잘 정비된 도로와 가로수, 세련된 빌딩, 활기있는 쇼핑몰이 있으며, 시민들의 옷 차림새도 대체로 깔끔하다. 시가지는 크게 안데스 산쪽의 부자들이 사는 높은 동네와 아래쪽의 서민 거주지역인 낮은 동네로 나뉜다. 남미 대부분의 나라가 빈부격차가 심하고 사회가 불안하다. 그러나 칠레의 산티아고는 시민의 2/3가 중산층이고 문화수준도 높아 남미에서는 가장 살기좋은 도시로 평가되고 있다.

아르헨티나의 심장 5월의 광장과 핑크색의 대통령궁

53 남미의 문화 수도 부에노스 아이레스 아르헨티나

'좋은 공기'라는 뜻을 가진 부에노스 아이레스는 아르헨티나의 수도이자 남미의 정치·경제의 중심이다. 도시는 1536년에 창건되었지만, 18세기 스페인 식민지의 수도가 되면서부터 발전하였다. 유럽에서 온 이민자들은 당시 바로크풍의 도시계획과 건축을 도입하였다. 타향살이의 설움과 노동의 피로를 풀기 위해 시작된 탱고는 이 도시의 심벌이다. '남미의 유럽'으로 불리고 있는 부에노스 아이레스는 20세기 초에는 미국을 능가하는 경제대국을 자랑했던 아르헨티나의 문학과 예술이 숨쉬고 있는 남미의 문화수도이다.

부에노스 아이레스의 구시가지는 센트로 지역의 남북을 관통하는 7월의 대로와 이 대로를 중심축으로 하여 동쪽의 대통령궁과 서쪽의 국회의사당을 연결하는 5월의 도로가 직각으로 교차하는 +자형 간선가로를 골격으로 형성되어 있다. 7월의 대로는 폭 144미터에 중앙의 녹지대까지 합하면 200미터나 되어 세계에서 가장 넓으며, 도로 밑에는 공용주차장이 있다. 7월의 대로에 배치되어 있는 높이 67미터의 오벨리스크는 부에노스 아이레스의 스카이 라인을 지배한다. 특히 기하학적인 가로패턴, 기념비적인 장식광로, 광장, 오벨리스크, 스페인풍의 석조건물들은 유럽 바로크시대의 도시공간구조와 건축형태의 전형을 보여준다.

부에노스 아이레스의 역사는 구시가지의 동쪽에 위치한 5월의 광장 **Plaza de Mayo** 을 중심으로 시작되었다. 아르헨티나 국민과 역사를 함께해온 이 광장은 대통령취임식을 비롯하여 수많은 집회가 열리는 장소이다.

세계에서 가장 넓은 7월의 도로와 오벨리스크

예수의 제자를 상징하여 12개의 기둥으로 디자인된 대성당

광장 중앙에는 1810년 5월 스페인으로부터 독립한 것을 기념하기 위해 세운 5월의 탑과 아르헨티나 국기를 디자인한 벨그라노 장군의 기마상이 서 있다. 이곳에서는 매일 대통령 근위병의 교대식이 거행된다.

5월의 광장 동쪽에 있는 분홍색의 대통령궁은 19세기 말에 건립된 스페인 로코코양식의 건물이다. 1950년대 페론 대통령 시절에는 부인 에비타 Evita 와 발코니에 나란히 서서 하는 그의 연설을 듣기 위해 10만 명 이상의 인파가 모였다고 한다. 5월의 광장 북쪽에는 1827년에 세워진 대성당 Cathedral Metropolitana 이 자리잡고 있다. 예수의 12제자를 상징하는 12개의 기둥으로 디자인된 네오클래식양식인 이 건물은 성당이라기 보다 법원이나 박물관처럼 보인다. 성당 안에는 남미 해방의 아버지로 불리는 산 마르틴 San Martin 장군의 관이 안치되어 있다.

한편 5월의 광장과 완전히 대칭을 이루는 구시가지의 서쪽에 위치한 국회의사당 앞의 의회광장에는 콘도르 Condor 와 천사가 들어가 있는 기념비

탱고의 발상지 카미니토 거리의 피자카페

와 로댕의 「생각하는 사람(복제품)」 등의 조각작품, 웅장한 분수대가 설치되어 있다.

식민시대 초기 이민자들에 의해 형성된 라 보카 La Boca 지역은 이탈리아와 스페인 출신 노동자들이 지친 몸과 향수를 춤과 서글픈 노래로 달래주던 탱고의 발상지이다. 보카의 카미니토 Caminito 거리는 이탈리아계 항구 노동자들이 빨강·파랑·노랑 등 원색의 페인트로 칠한 건물들이 아주 특이하다. 이 거리에서는 거친 환락가에서 태어났지만 우아한 예술로 격상된 탱고를 연주하는 거리의 음악가와 탱고댄서를 자연스레 만나게 된다.

라 보카 지역에는 이탈리아계 이민자를 중심으로 1905년에 창설하여 아르헨티나 축구리그에서 여러 번 우승한 보카주니어스 축구팀의 전용구장 라 봄보네라 La Bomonera 가 있다. 세계적인 축구스타 마라도나가 선수생활을 했던 이 축구팀은 노동자 계층이 특히 좋아한다고 한다.

부에노스 아이레스에는 백화점·갤러리·카페·서점들이 모여 있는 플로리다 거리, 극장·레스토랑 들이 모여 있는 코리엔테스 거리, 영화관이 모여 있는 라바예 거리처럼 문화예술활동으로 특화된 거리가 많다. 유럽의 전통인 거리문화가 낯선 땅 아르헨티나에서 아름답게 꽃피어 있다.

식민시대 초기 여자들이 거의 없던 부에노스 아이레스에서 하루 종일 고된 일을 마친 부두의 하층 노동자들이 거리의 여자들을 춤추는 척 껴안기 위해 거칠고 빠르면서도 유연한 동작을 익혔는데, 이것이 탱고로 발전하였다고 한다. 탱고는 음악과 춤이 혼합된 음악장르로 구슬프고 애절한 춤이며 노래이다. 그리고 누군가 말했듯이 '온몸으로 쓰는 가장 아름다운 시' 이다. 1990년대에 우리나라에서도 개봉된 영화 「여인의 향기」에서 눈먼 퇴역장교 알파치노가 실수를 두려워하는 젊은 여성과 함께 춤을 추면서 들려주는 대사가 재미있으면서도 한편으로 의미가 있다.

실수로 스텝이 엉키면 그게 바로 탱고라오
실수로 넘어지면 그게 바로 삶이라오

도심에 있는 큰 레스토랑 중에는 탱고 전용극장이 있다. 그 대표적인 탱고공연장이 콜론극장 Teatro Colon 이다. 7월의 대로 옆에 있으며 3천 석이 넘는 객석을 가진 이 극장은 파리 국립오페라극장과 함께 세계 3대 극장으로 손꼽히는 유서깊은 예술공연장이다. 이 도시를 찾는 여행자들은 탱고가 있어서 밤이 즐겁다. 탱고 음악과 쇼를 즐기면서 여유롭게 식사를 할 수 있는 극장이 여럿 있기 때문이다.

부에노스 아이레스는 시민 10만 명당 25개의 서점이 있어 전세계에서 가장 많은 서점을 가진 도시로 선정되었다. 엘 아테네오 El Ateneo 서점은 1919년에 오페라극장으로 지어져 1929년에는 영화관으로, 2002년부터는 서점으로 리모델링하여 오늘에 이르고 있다. 1층은 카페로 운영되고 2층과 3층은 약 12만 권의 책으로 가득 채워져 있다. 돔 형태의 천장이 프레스코화로 장식되어 있는 엘 아테네오야말로 건축과 미술, 음악, 문학을 한눈에 볼 수 있는 세계에서 가장 품격있는 서점이다.

오페라 극장을 리모델링하여 만든 서점 엘 아테네오

건축박물관이나 조각공원 처럼 보이는 레콜레타 묘지

도심 서북쪽에는 마치 건축박물관이나 조각공원 같아 보이는 레콜레타 Recoleta 납골당이 있다. 이곳에는 뮤지컬 「에비타 Evita」로 잘 알려진 후안 페로 전 대통령의 퍼스트레이디 에바 페론 Eva Peron 도 묻혀 있다. 가난한 농부의 사생아로 태어나 영화배우에서 영부인까지 오른 드라마틱한 인생으로 대중적 인기가 아주 높았다. 가난한 사람들과 여성의 권익 향상을 위해 온 힘을 쏟았기 때문이다. 34세의 젊은 나이로 아쉬운 생을 마친 그녀의 묘 앞에는 방문객들이 놓고 간 꽃이 수북하게 쌓여 있다. 에비타의 묘비명에는 뮤지컬의 주제곡 "아르헨티나여 나를 위해 울지 말아요 Don't Cry for Me Argentina"가 쓰여져 있다.

아르헨티나 국민들이여 나를 위해 울지말아요
이제 내가 보이지 않고 사라진다 해도
영원히 아르헨티나인으로 남을 것이고
여러분들을 영원히 떠나지 않을 겁니다

코르도바도 산 위에서 본 리우 데 자네이루 모습

54 산과 바다의 도시 리우 데 자네이루 브라질

리우 데 자네이루는 자연과 인공이 조화된 경관이 아름다워 나폴리, 시드니와 함께 세계 3대 미항의 하나로 손꼽힌다. 중심시가지는 우뚝 솟아 있는 산과 들쑥날쑥 끝없이 펼쳐진 해안의 경치가 드라마틱하다. 매년 2월 초에는 지구상에서 가장 화려한 리우카니발의 삼바춤을 보기 위해 전세계에서 6만 명의 여행자들이 찾아와 도시 전체가 열광의 축제 공간으로 변한다. '경이로운 도시'라는 별칭이 붙어 있는 리우는 음악가, 건축가, 화가 등 예술가들에게 영감을 주는 도시로 알려져 있다.

리우 데 자네이루는 1502년 1월 포르투갈의 아메리고 베스푸치가 처음으로 발을 디뎠다. 프랑스와의 전쟁에서 이긴 포르투갈은 1808년 왕실을 이곳으로 옮겨 왔다. 곧이어 브라질 왕국의 수도가 되었으며, 1960년 수도가 브라질리아로 이전되기 전까지 약 200년 간 브라질의 수도였다.

리우의 중심은 시네란디아 Cinelandia 광장이다. 보통 정사각형인 식민도시들의 아르마스 광장과는 달리 남북으로 긴 직사각형인 이 광장은 10개의 골목길과 연결되어 있어 접근성이 아주 좋다. 하지만 광장의 한 쪽에 자리잡고 있는 가족 단위의 걸인들이 여행자들의 발길을 멈추게 한다.

광장 주변에는 국립미술관, 국립도서관, 시립극장 등 예술문화공간이 위치하고 있다. 국립미술관에는 포르투갈 왕실이 가져온 17~20세기의 미술품과 브라질을 대표하는 명화들이 전시되어 있다. 시립극장은 1909년에 파소스 F. P. Passos 시장이 리우의 문화예술 창달을 위하여 새로운 오페라 극장의 필요성을 강조하고 도시계획에 따라 건설했다. 르네상스와 바로크

리우의 중심 시네란디아 광장과 바로크양식의 시립극장

양식이 절충된 시립극장은 리우에서 가장 아름다운 건물로 손꼽힌다. 극장의 좌석수는 1,700석이며, 4층으로 되어 있다. 외벽에는 브라질과 다른 나라의 유명한 예술가들의 이름이 조각되어 있다.

리우에서 가장 역사가 깊은 라파 Lapa 지구에는 산타 테레사 언덕에서 시내로 물을 끌어오기 위해 로마의 수도교를 본떠 만든 아치형의 하얀색 수도교가 눈에 띈다. 수도교 위로는 노란색 열차 봉징요 Bon Dinho 가 다니고 그 아래는 광장과 공원으로 조성되어 있다. 거리에서 허접한 생활용품이나 헌책을 팔고 있는 모습에서 브라질의 어려운 시민생활이 엿보인다.

수도교 북쪽에는 원추형으로 디자인되어 얼핏 보면 피라미드처럼 생긴 메트로폴리탄 대성당 Cetedral Metropolitana 이 자리잡고 있다. 1976년 브라질의 성인 세바스찬 Sao Sebastio 을 위해 지은 이 성당은 지름 106미터에 높

피라미드 모양의 메트로폴리탄 대성당

형형색색으로 화려한 대성당 내부장식

이 68미터로 2만 5천 명을 수용할 수 있을 정도로 크다. 성당 내부로 들어가면 바닥부터 천장까지 형형색색의 스테인드 글라스로 웅장하고 화려하게 장식되어 있다. 윗쪽에 매달아 놓은 예수상이 매우 인상적이다. 대성당과 약간의 거리를 두고 세워져 있는 마치 여러 개의 접시가 쌓여 있는 듯한 종탑의 디자인도 아주 특이하다.

뉴욕에 자유의 여신상이 있다면 리우에는 크리스토 헤텐토르 **Cristo Redentor** 라고 불리는 예수 그리스도상이 있다. 1931년에 브라질 독립 100주년을 기념하여 코르도바도 산 위에 세워진 이 조각상은 높이 38미터, 좌우 팔의 길이 28미터, 손바닥과 머리가 각 3미터, 무게 1,145톤으로 세계에서 가장 큰 예수상으로, 2007년에 '신 세계 7대 불가사의' 가운데 하나로 선정되었다. 예수상 앞 광장에서는 마치 큰 호수 위에 떠있는 도시처럼 아름다운 리우의 경관을 한눈에 조망할 수 있다.

높이 38미터로 세계에서 가장 큰 예수상

바다 위에 우뚝 솟아 있는 원뿔 모양의 슈거로프 바위산

바다 위에 우뚝 솟은 원뿔 모양 때문에 슈거로프 Sugarloaf 산이라고 불리는 것이 팡 데 아수카르 바위산이다. 길이 1,400미터의 케이블카를 타고 높이 395미터의 산 정상에 오르면 과나바다만 일대의 그림 같은 도시풍경을 감상할 수 있다. 전망대에서 바라보는 찬란한 석양과 화려한 야경은 왜 리우가 세계에서 가장 아름다운 도시로 손꼽히는지를 말해준다.

셀라론 계단 Escadaria Selaron 은 칠레 출신의 조각가 셀라론 J. Selaron 이 흉물스러운 계단을 보수하기 위해 모자이크 타일로 장식한 곳이었지만, 2016년 브라질올림픽 홍보영상으로 등장할 만큼 리우를 대표하는 랜드마크가 되었다. 그는 1990년부터 라파에서 산타 테레사지역으로 이어지는 215개의 계단에 세계 60개 나라에서 수집하고 기증받은 2천여 개의 컬러풀한 타일과 거울로 모자이크하여 빛의 향연을 만들어냈다. 셀라론 계단은 어둡던 계단골목을 밝은 예술공간으로 승화시킨 '리오의 꽃' 이다. 우리나라의 태극기 문양으로 디자인된 타일도 여럿 눈에 띈다.

리우카니발은 뮌헨의 옥토버페스트, 삿포로의 눈축제와 함께 세계 3대 축제의 하나로 손꼽히는데, 가장 큰 이유는 리우에서 생겨난 삼바 Samba 춤 때문이다. 아슬아슬한 의상과 화려한 머리장식을 하고 경쾌한 삼바리듬에 맞춰 엉덩이를 좌우로 격렬하게 흔들어대는 무용수들, 웅장한 퍼레이드 차량의 행렬, 쉬지 않고 연주하는 악단들의 열기는 모든 사람들을 환희의 도가니 속으로 끌고 들어간다. 19세기 후반부터 시작된 삼바퍼레이드의 규모가 점점 커지게 되자 1984년에는 9만 명을 수용할 수 있는 700미터 길이의 퍼레이드 전용공간인 삼바드로모 Sambadromo 가 만들어졌다.

축구의 나라 브라질에서 가장 유명한 경기장은 1950년과 2014년 월드컵, 2016년 올림픽 때 축구경기가 열린 마라카나 Maracana 스타디움이다. 이곳은 세계 최대의 축구전용구장으로 좌석수는 15만 5천 석이지만, 실제로는 22만 명이 입장할 수 있다고 한다. 너무 열광적인 축구팬들 때문에 관중석과 그라운드 사이에 깊게 파놓은 도랑이 아주 재미있다.

어둡던 골목이 예술 공간으로 바뀌어진 셀라론 계단골목

항공사진으로 본 완전한 비행기 모양의 브라질리아 모습

55 모더니즘의 계획 도시 브라질리아 브라질

브라질 정부는 도시가 주로 해안지대에 발달되었기 때문에 내륙지역에 신행정수도를 건설하고, 1960년에 수도를 리우 데 자네이루에서 이곳 브라질리아로 옮겼다. 전체 도시형태는 완전히 비행기 모양을 하고 있다. ＋자형으로 교차하는 거대한 2개의 축 가운데 비행기의 동체 부분에는 삼권광장·국회의사당·대통령궁 등 국가의 주요 정치행정기능이, 날개 부분에는 주거지역이 배치되었다. 브라질리아는 20세기 초 모더니즘의 도시계획과 건축사조가 가장 잘 반영되어 있는 기념비적인 신도시이다.

1955년 대통령으로 당선된 쿠비체크는 국토의 내륙에 새로운 수도를 건설하기 위하여 브라질리아로 위치를 결정하고, 행정조직을 갖춰 아주 빠른 속도로 신도시 건설작업을 진행하였다. 코스타 L. Costa 는 도시계획 책임자가 되고, 니마이어 O. Niemeyer 는 건축주임 설계자가 되었다. 그리고 당시 세계 최고의 건축가이자 도시계획가였던 르 코르뷔지에 L. Corbusier 는 자문역을 맡게 되었다.

당초의 도시계획안은 직선형의 넓은 도로, 기능분리를 기본으로 하는 용도지역제 Zoning, 충분한 오픈 스페이스를 배치하려는 구상을 가지고 있었다. 하지만 코스타와 니마이어는 20세기 중엽 세계의 도시계획 사조였던 국제 기능주의 Functionalism 보다는 브라질의 상황에 잘 적용될 수 있도록 도시의 공간구조를 직각으로 교차하는 두 개의 도시축 urban axis 으로 이루어진 十자형으로 계획하였다. 그리고 엄격한 기하학적 도로형태는 구릉지의 지형을 고려하여 자연스러운 곡선으로 디자인하였다.

도시의 중심축 공간, 비행기의 앞부분에 해당하는 삼권광장

수직과 수평이 절묘하게 균형과 조화를 이루는 국회의사당

니마이어가 디자인한 브라질리아 대성당

브라질리아 대성당의 실내공간

비행기의 날개 부분에 해당하는 주거지역

브라질리아의 아름다운 건축물로는 삼권광장 **Plaza of Three Powers** 을 비롯하여 시청, 국회의사당, 대법원 등이 손꼽힌다. 또 개성 있게 디자인된 건축물로는 브라질리아대성당, 대통령관저, 국립극장 등이 있다. 특히 니마이어가 설계한 둥근 천장의 상원 건물과 오목형 원뿔의 하원 건물로 구성된 국회의사당, 드넓은 초원 위의 대통령관저, 연방최고재판소는 20세기의 기능주의와 기념비주의를 대표하는 건축물로 평가되고 있다. 니마이어는 1964년 브라질에 군부독재가 들어서면서 유럽으로 망명했다. 그는 1980년대에 민주주의가 회복되어 브라질로 돌아온 이후부터는 단순히 아름다움을 뛰어넘어 시민을 위한 공공공간을 먼저 중요하게 고려하는 건축작품을 디자인하였다.

브라질리아는 20세기 모더니즘에 입각하여 건설된 신행정수도로, 인류의 도시계획 및 건축역사의 한 페이지를 장식한다. 브라질 중부 내륙의 푸른 하늘과 고원지대의 식생 등 자연환경과 건축물이 잘 조화를 이루도록 디자인된 아름다운 도시이다. 또한 독특하게 디자인된 건축물들을 더욱 돋보이게 하는 야간경관도 높은 수준을 자랑한다. 이러한 이유로 브라질리아는 1987년 유네스코 세계문화유산으로 등재되었다.

브라질리아가 건설된 지 반세기가 지났다. 그러나 그곳에 살고 있는 시민들의 불만의 목소리는 아직 많다. 시민들이 제기하는 가장 큰 불만사항은 도시에 시민들의 여가활동을 위한 문화공간이 없고, 주거 home 와 업무 work 를 위한 공간으로만 구성되어 있다는 것이다. 그리고 대사관·경찰서·소방서·스포츠시설·학교·교회 등 공공편익시설들이 도시형태의 상징성을 지나치게 강조한 나머지 주거지역과 공간적으로 철저히 분리되었고, 시민들이 편리하게 이용할 수 있는 보행공간이 연결되지 못했다는 것이다. 또한 철저하게 중앙정부 주도하에 이루어졌기 때문에 도시계획이나 개발과정에서 주민들의 의견이나 요구를 제안할 기회가 부족했다는 것이다.

브라질리아는 진정으로 사람들이 원하는 '살고 싶은 도시'는 기능적이고 아름다운 것도 좋지만, 시민들의 일상생활에 여유와 활력을 제공하는 여가 및 문화예술공간이 충분히 마련되어야 하고, 개별 건축물도 공공에 기여할 수 있어야 하며, 보행친화적 도시환경이 조성되어야 한다는 것을 말해준다. 그리고 무엇보다도 도시의 계획과 건설과정에서 시민들의 참여가 충분하게 이루어져야 한다는 역사적 교훈을 우리에게 던져주고 있다.

에필로그

영국의 도시계획학자 피터 홀 P.Hall 은 그의 저서 「문명의 도시 Cities in Civilization」에서 "역사상 위대한 도시들은 경제적·사회적 자산을 넘어 문화적 자산이 축적되어 있다."고 강조했다. 세계적으로 유명한 도시들은 아름다운 자연은 물론 건축물·광장·도로·교량 등과 같은 물리적 공간이 아름다울 뿐만 아니라 종교나 예술과 관련된 독창적이고 전통성 있는 정신문화를 가지고 있다.

세계 6대륙 도시들의 공간문화는 자연과 역사, 종교 등에 따라 다르게 나타난다. 먼저 인류 발상지인 아프리카 대륙을 보면, 이집트·모로코 등 북부지역은 이슬람문화권이고, 유럽의 식민지배를 받았던 동남해안지역은 전통문화와 기독교문화가 다양하게 혼재되어 있다. 특히 흑인노예 문화가 남아 있는 남부지역은 정치적 혼란과 인종갈등에서 벗어나 점차 그들만의 정체성 있는 도시·건축문화를 만들어가고 있다. 유럽은 중세 이후 세계의 역사를 주도해온 기독교문화를 바탕으로 한 석조건축과 개방적인 광장문화의 전통을 지니고 있다. 이러한 풍요로운 건축적, 예술적 자산의 대부분은 지금도 도시공간 속에 고스란히 간직되어 있으며, 남미를 비롯한 다른 대륙의 도시와 건축문화에 지대한 영향을 미쳤다.

세계인구의 60퍼센트 이상이 살고 있는 아시아대륙은 불교, 유교, 힌두교, 기독교 등 다양한 종교가 분포되어 있다. 유럽과는 달리 목조건축과 폐쇄적인 거리문화의 전통을 지니고 있으며, 대부분 서구 열강의 식민통치로 인한 아픈 흔적들이 도시의 곳곳에 남아 있다. 그러나 20세기 말 이후 그동안 단절되었던 전통문화 회복을 위한 노력들이 건축이나 도시디자인에서 잘 나타나고 있다. 한편, 오세아니아 지역의 호주와 뉴질랜드 도시들은 지리적으로는 동양에 가깝지만, 유럽의 역사와 전통을 이어가면서 새로운 도시와 건축문화를 만들어가고 있다.

북미지역은 20세기 이후 세계에서 가장 빠른 경제성장을 바탕으로 기술적 도시·건축 패러다임을 만들어 왔다. 또한 뉴욕이나 보스턴처럼 역사가 오래된 도시에서는 도시재생 프로젝트를 통해 창조적인 예술문화공간을 만들어가고 있다. 독자적인 문명권을 이루고 있던 남미지역에는 스페인과 포르투갈 식민시대의 그림자가 아직도 곳곳에 드리워져 있다. 그러나 점차 남미 특유의 낭만 넘치는 도시 공간문화를 만들어가고 있다. 삼바춤 퍼레이드를 위해 만든 리우의 삼바드로메는 그 좋은 예이다.

세계의 여행자들이 찾아가는 유명도시에는 반드시 아름다운 건물과 유서깊은 거리뿐만 아니라 매력있는 문화공간을 가지고 있으며, 재미있는 이야깃거리가 있다. 서양의 역사도시에서 보듯이 시민들의 손에 의해 만들어지는 도시의 분위기는 건축물과 공공장소의 형태에 큰 영향을 받는다. 아름답고 질서있게 잘 만들어진 도시공간은 시민에게 여유와 품격을 제공한다. 이것이 도시와 건축디자인에 있어서 전통문화와 공공의 가치를 중요하게 생각해야 하는 이유이다.

1982년에 노벨문학상을 받은 「백년의 고독」으로 유명한 컬럼비아의 마르케스 Gabriel J. Marquez 가 말했듯이, 어느 한 사람의 인생에 대한 평가는 그 사람이 살아온 삶 자체가 아니라 살아온 삶을 그 사람이 어떻게 기억하느냐 하는 것이다. 그 기억은 고향에 대한 향수일 수도 있고, 어린 시절 첫 사랑의 추억일 수도 있다. 그러나 역사와 문화가 전혀 다른 도시에서 느끼고 체험했던 이미지와 감정도 사람들의 기억 속에 오래 남는다.

세계의 모든 도시에는 저마다 글과 사진이나 그림으로 표현된 것보다 훨씬 의미있는 공간문화와 재미있는 이야기가 있다. 역사가 오래된 도시일수록 더욱 그렇다. 세계의 도시여행을 많이 하는 사람들은 재미있는 삶의 기억들을 차곡차곡 쌓아가면서 의미있는 삶을 엮어가는 사람들이다.

세계의 **도시·건축문화 55**

2018년 10월 25일 1판 1쇄 발행
2019년 1월 25일 1판 2쇄 발행

저 자 김 철 수
발 행 인 강 해 작
발 행 처 기 문 당
주 소 서울시 성동구 무학봉 28길 4-1
전 화 02) 2295-6171(代)~5
팩 스 02) 2296-8188
출판등록 1976. 10. 7(1-44)
홈페이지 http://기문당
http://www.kimoondang.com
I S B N 978-89-6225-801-1 03040

정 가 **25,000원**

검인생략